国家出版基金项目
NATIONAL PUBLICATION FOUNDATION

国家"十二五"重点图书出版规划项目

城市地下空间出版工程·规划与设计系列

城市地下空间室内设计

陈 易 著

同济大学 出版社
TONGJI UNIVERSITY PRESS

上海市高校服务国家重大战略出版工程入选项目

图书在版编目（CIP）数据

城市地下空间室内设计 / 陈易著.—上海：同济大学出版社，2015.12
（城市地下空间出版工程/钱七虎主编.规划与设计系列）
ISBN 978-7-5608-6169-2

Ⅰ.①城…　Ⅱ.①陈…　Ⅲ.①城市空间－地下建筑物－室内装饰设计
Ⅳ.①TU92

中国版本图书馆CIP数据核字（2015）第318651号

城市地下空间出版工程·规划与设计系列

城市地下空间室内设计

陈　易　著

出 品 人：支文军
策　　划：杨宁霞　季　慧　胡　毅
责任编辑：季　慧
责任校对：徐春莲
封面设计：陈益平

出版发行　同济大学出版社www.tongjipress.com.cn
　　　　　（上海市四平路1239号　邮编：200092　电话：021-65985622）
经　　销　全国各地新华书店、建筑书店、网络书店
排版制作　南京新翰博图文制作有限公司
印　　刷　上海中华商务联合印刷有限公司
开　　本　787mm×1092mm　1/16
印　　张　16.25
字　　数　406000
版　　次　2015年12月第1版　　2015年12月第1次印刷
书　　号　ISBN 978-7-5608-6169-2
定　　价　128.00元

内 容 提 要

本书为国家"十二五"重点图书出版规划项目、国家出版基金资助项目、上海市高校服务国家重大战略出版工程入选项目。

随着中国城镇化进程的迅猛发展，近年来城市地下空间的数量和规模明显增长，但关于地下建筑空间室内设计的专门论述尚较少见。本书主要从室内设计的角度出发，详细分析了地下建筑空间室内设计的原则，提出了相应的设计方法，并介绍了古今中外的若干优秀案例。全书分析透彻、图文并茂、理论结合实际，具有很好的理论价值和实际应用价值。

本书可以供从事建筑设计、室内设计、环境设计的专业人员、研究人员、大专院校的师生学习参考，也可供对此内容有兴趣的相关人士阅读。

《城市地下空间出版工程·规划与设计系列》编委会

作者简介

陈　易，博士，同济大学建筑与城市规划学院教授、博士生导师，国家一级注册建筑师，高级建筑师，高级建筑室内设计师，意大利帕维亚大学访问教授。中国美术家协会环境设计艺术委员会委员，中国建筑文化研究会陈设艺术专业委员会副主任。上海市建筑学会理事，上海市建筑学会室内外环境设计专业委员会副主任，上海市装饰装修行业协会装饰设计专业委员会副主任委员。主要出版作品：《自然之韵——生态居住社区设计》《村镇住宅可持续设计技术》《建筑世博会》《环境空间设计》《室内设计原理》、*Young Interior Architects in Shanghai——Tongji University Interior Design Discipline Graduates*等。负责过国家自然科学基金、"十一五"国家科技支撑计划、中意两国政府间科技合作项目及上海市科学技术委员会支持的各类科研项目。

总 序

PREFACE

国际隧道与地下空间协会指出，21世纪是人类走向地下空间的世纪。科学技术的飞速发展，城市居住人口迅猛增长，随之而来的城市中心可利用土地资源有限、能源紧缺、环境污染、交通拥堵等诸多影响城市可持续发展的问题，都使我国城市未来的发展趋向于对城市地下空间的开发利用。地下空间的开发利用是城市发展到一定阶段的产物，国外开发地下空间起步较早，自1863年伦敦地铁开通到现在已有150多年。中国的城市地下空间开发利用源于20世纪50年代的人防工程，目前已步入快速发展阶段。当前，我国正处在城市化发展时期，城市的加速发展迫使人们对城市地下空间的开发利用步伐加快。无疑21世纪将是我国城市向纵深方向发展的时代，今后20年乃至更长的时间，将是中国城市地下空间开发建设和利用的高峰期。

地下空间是城市十分巨大而丰富的空间资源。它包含土地多重化利用的城市各种地下商业、停车库、地下仓储物流及人防工程，包含能大力缓解城市交通拥挤和减少环境污染的城市地下轨道交通和城市地下快速路隧道，包含作为城市生命线的各类管线和市政隧道，如城市防洪的地下水道、供水及电缆隧道等地下建筑空间。可以看到，城市地下空间的开发利用对城市紧缺土地的多重利用、有效改善地面交通、节约能源及改善环境污染起着重要作用。通过对地下空间的开发利用，人类能够享受到更多的蓝天白云、清新的空气和明媚的阳光，逐渐达到人与自然的和谐。

尽管地下空间具有恒温性、恒湿性、隐蔽性、隔热性等特点，但相对于地上空间，地下空间的开发和利用一般周期比较长、建设成本比较高、建成后其改造或改建的可能性比较小，因此对地下空间的开发利用在多方论证、谨慎决策的同时，必须要有完整的技术理论体系给予支持。同时，由于地下空间是修建在土体或岩石中的地下构筑物，具有隐蔽性特点，与地面联络通道有限，且其周围临近很多具有敏感性的各类建（构）筑物（如地铁、房屋、道路、管线等）。这些特点使得地下空间在开发和利用中，在缺乏充分的地质勘察、不当的设计和施工条件下，所引起的重大灾害事故时有发生。近年来，国内外在地下空间建设中的灾害事故（2004年新加坡地铁施工事故、2009年德国科隆地铁塌方、2003年上海地铁4号线事故、2008年杭州地铁建设事故等），以及运营中的火灾（2003年韩国大邱地铁火灾、2006年美国芝加哥地铁事故等）、断电（2011年上海地铁10号线追尾事故等）等造成的影响至今仍给社会带来极大的负面效应。因此，在开发利用地下空间的过程中需要有深入的专业理论和技术方法来指导。在我国城市地下空间开发建设步入"快车道"的背景下，目前市场上的书籍还远远不能满足现阶段这方面的迫切需要，系统的、具有引领性的技术类丛书更感匮乏。

目前，城市地下空间开发亟待建立科学的风险控制体系和有针对性的监管办法，《城市地下空间出版工程》这套丛书着眼于国家未来的发展方向，按照城市地下空间资源安全开发利用与维护管理的全过程进行规划，借鉴国际、国内城市地下空间开发的研究成果并结合实际案例，以城市地下交通、地下市政公用、地下公共服务、地下防空防灾、地下仓储物流、地下工业生产、地下能源环保、地下文物保护等设施为对象，分别从地下空间开发利用的管理法规与投融资、资源评估与开发利用规划、城市地下空间设计、城市地下空间施工和城市地下空间的安全防灾与运营管理等多个方面进行组织策划，这些内容分而有深度、合而成系统，涵盖了目前地下空间开发利用的全套知识体系，其中不乏反映发达国家在这一领域的科研及工程应用成果，涉及国家相关法律法规的解读，设计施工理论和方法，灾害风险评估与预警以及智能化、综合信息等，以期成为对我国未来开发利用地下空间较为完整的理论指导体系。综上所述，丛书具有学术上、技术上的前瞻性和重大的工程实践意义。

本套丛书被列为"十二五"时期国家重点图书出版规划项目。丛书的理论研究成果来自国家重点基础研究发展计划（973计划）、国家高技术研究发展计划（863计划）、"十一五"国家科技支撑计划、"十二五"国家科技支撑计划、国家自然科学基金项目、上海市科委科技攻关项目、上海市科委科技创新行动计划等科研项目。同时，丛书的出版得到了国家出版基金的支持。

由于地下空间开发利用在我国的许多城市已经开始，而开发建设中的新情况、新问题也在不断出现，本丛书难以在有限时间内涵盖所有新情况与新问题，书中疏漏、不当之处难免，恳请广大读者不吝指正。

钱七虎

2014年6月

■ 前 言 ■

FOREWORD

　　地下建筑空间是一类非常重要、非常特殊的空间类型，大中城市中几乎每幢建筑都有地下空间，中国地下空间的数量和规模已经十分巨大。然而长期以来，地下空间设计一直被认为属于土木工程专业，与城市规划和建筑学的关系不大。尽管近年来有关部门已经意识到地下空间应该与地上空间同时规划、同时设计，但在不少场合，二者依然处于相互分离的状态。

　　同济大学出版社敏锐地意识到地下空间建设在中国未来城镇化进程中的重要作用，及时组织顶尖专家撰写了这一套国家"十二五"重点图书，以期为推动中国的城市地下空间发展作出贡献。当接到出版社社长支文军先生的邀请，撰写关于地下建筑空间室内设计一书时，既十分高兴，又深感压力。

　　回想起来，其实很早就与地下建筑空间设计结下了缘分。1991年在同济大学建筑系任教后从事的第一项工程实践，就是参加上海轨道交通1号线人民广场站室内设计。当时在中国室内设计权威来增祥教授、庄荣教授、童勤华教授的指导下，终于顺利完成了设计工作，并获得了好评。后来，又陆续有机会参加了上海轨道交通8号线、9号线中若干车站的设计工作。在随后的国际学术交流中，有机会亲身体验、考察了欧美发达国家的地铁车站和地下建筑空间。

　　目前在国内建筑学界，从事地下建筑研究的学者并不多，重要的代表性成果有：清华大学童林旭教授的《地下建筑学》《地下建筑图说100例》等，东南大学王文卿教授的《城市地下空间规划与设计》，同济大学卢济威教授则从城市设计的角度一贯提倡地下空间与地上空间的一体化开发；苏州的两位学者郭晓阳副教授和王占生总工撰写了《地铁车站空间环境设计——程序·方法·实例》，总结了地铁车站空间设计的各个环节。除此之外，当然还有一些见之于相关杂志的文章和高校研究生的论文，总体而言，从室内设计的角度出发，详细研究地下空间室内设计的成果非常少见。因此，在整个撰写过程中，反复推敲，多方寻找资料，唯恐辜负了出版社和读者的信任。

　　本书是作者及其课题组成员长期从事建筑设计、室内设计研究和实践的经验所得，部分研究工作也得到了国家自然科学基金项目（51278338）、同济大学建筑设计研究院（集团）有限公司重点项目研发基金＋高密度人居环境生态与节能教育部重点实验室自主与开放课题（2015KY02）和上海市"Ⅰ类高峰计划"的支持，在此表示衷心的谢意。

　　尽管尽了很大的努力，但由于水平有限、学识不够，加之平时教学科研工作繁忙，书中定有不少不妥之处，在此表示深深的歉意。同济大学出版社季慧编辑、杨宁霞编辑、胡毅编辑等提供了出版支持，在此表示衷心的谢意。郑时龄院士帮助提供了诸多宝贵的材料和指导；同济大学阴佳教授提供了他与刘克敏教授一起设计的地铁车站壁画的资料；中国建筑西北设计研究院有限公司王良建筑师收集了不少资料，撰写了介绍巴黎地铁和西安地铁相关经验的章节（见本书第4.3.3节），且提供了很多文字和图片材料；西安建筑科技大学汤雅莉教授、兰州理工大学张顺尧讲师、加拿大友人周豪杰先生、上海建筑设计研究院有限公司刘洋建筑师、姚仁喜大元建筑工场的陈薇伊建筑师、同济大学硕士研究生蔡少敏等都提供了宝贵的照片；刘洋、陈薇伊、王良和同济大学博士研究生薛天，硕士研究生蔡少敏和李品还协助处理了大量图片，他们的努力都为本书的出版提供了极大的支持，在此表示衷心的感谢。

　　在写作过程中，家人提供了默默的大力支持，分担了繁杂的家务，这也是本书最终得以完成的重要因素。

　　本书中的尺寸、数字以说明原理为主，与国家或地方规范有矛盾时，以国家或地方规范为准。本书参考、引用了国内外学者一些图片，在此表示衷心的感谢。文中已经尽可能详细地标明了出处，如有遗漏则表示衷心的歉意。由于时间紧迫，加之缺少联系方式，无法与有关学者一一联系，相关学者见本书后，可与出版社联系，以便当面致谢。

　　推动中国城市地下空间开发涉及诸多专业，本书仅仅从室内设计的角度出发进行研究。但愿本书能为营造安全、环保、舒适、高效、愉悦、独特的地下建筑空间提供理论支持，从而有助于从根本上扭转人们对地下空间封闭、沉闷、阴暗的负面印象，为提升地下建筑空间的环境品质、为推动中国地下空间的高质量发展作出微薄的贡献。

陈　易
2015年秋于同济园

目 录
CONTENTS

1 地下建筑空间的概念及演化

　　全球各地的城市（特别是大城市）普遍面临人口剧增、土地紧缺、资源匮乏、交通拥堵、环境污染等一系列问题，开发地下空间已经成为缓解上述问题的有效途径之一。伴随着工程技术的进步，世界各国在地下建筑空间利用方面取得了很大成绩，值得进行总结梳理，以便为更好利用地下空间奠定坚实的理论基础。

1.1 相关概念

　　在日常生活中，经常遇到"地下空间""地下建筑""地下室""坡地建筑""建筑设计""室内设计"等不同的名称，它们之间的关系究竟如何？彼此之间具有怎样的关系？在此先作一简要的解释。

1.1.1 地下空间、地下建筑、地下室

　　"地下空间""地下建筑""地下室"是经常遇到的名词，它们之间既相互关联，又有一定的区别。

　　1.地下空间

　　一般认为：地下空间是指属于地表以下，主要针对建筑方面来说的一个名词，它的范围很广，比如地下商城，地下停车场，地铁，矿井，军事，穿海隧道等建筑空间。[①]

　　有的学者则进一步指出：在岩层或土层中天然形成或经人工开发形成的空间称为地下空间（subsurface space）。天然形成的地下空间，例如在石灰岩山体中由于水的冲蚀作用而形成的空间，称为天然溶洞；……人工开发的地下空间包括利用开采后废弃的矿坑和使用各种技术

[①] 地下空间，百度百科，2013-08-24，http://baike.baidu.com/view/1505894.htm。

挖掘出来的空间。①

2.地下建筑

按照百度百科的解释，地下建筑（underground structure）是指：建造在岩层或土层中的建筑。它是现代城市高速发展的产物，起缓和城市矛盾，改善生活环境的作用，也为人类开拓了新的生活领域。②

清华大学童林旭教授在《地下建筑学》中指出：建造在岩层或者土层中的各种建筑物（buildings）和构筑物（structures），是在地下形成的建筑空间，称为地下建筑（underground buildings and structures）。地面建筑的地下室部分也是地下建筑；一部分露出地面，大部分处于岩石或土壤中的建筑物和构筑物成为半地下建筑。地下构筑物一般是指：建在地下的矿井、巷道、输油或者输气管道、输水隧道、水库、油库、铁路和公路隧道、野战工事等。③

3.地下室

按照中国的国家标准，"地下室（basement）"是指：房间地面低于室外设计地面的平均高度大于该房间平均净高1/2者；而"半地下室（semi-basement）"是指：房间地面低于室外设计地面的平均高度大于该房间平均净高1/3，且不大于1/2者。④然而，在坡地地形、多标高不同入口、地上地下一体化设计等情况下，有时"地下室"的概念会有一定的模糊性。

4. 坡地建筑及相关概念

如上所说，尽管国家标准定义了"地下室"和"半地下室"的概念，但在坡地地形条件下，仍然常常会造成一些歧义。为此，有些坡地城市推出了适应当地情况的概念和规则（如"坡地建筑""吊层"等概念及相应的设计规则），以便更明确地指导当地的建筑设计实践，重庆市制定的《重庆市坡地高层民用建筑设计防火规范》（DB 50/5031—2004）就是典

① 童林旭：《地下建筑学》，中国建筑工业出版社，2012，第2页。
② 地下建筑，百科百度，2013-08-24，http://baike.baidu.com/view/328350.htm。
③ 童林旭：《地下建筑学》，中国建筑工业出版社，2012，第2页。
④ 中华人民共和国住房和城乡建设部、中华人民共和国国家质量监督检验检疫总局：《建筑设计防火规范》（GB 50016—2014），中国计划出版社，2014，第3页。

例。该规范针对重庆市特有的坡地地形，在参照国家标准《高层民用建筑设计防火规范》（GB 50045—95）和《建筑设计防火规范》（GBJ 16—87）的前提下，进一步细化、明确了坡地高层民用建筑在不同条件下的防火设计原则，目前已经作为重庆市的强制性标准。下面仅对其中的一些概念做些介绍。

坡地建筑指：底层座落于坡底，其上某层与坡顶相连接的建筑。坡地建筑位于坡底的楼层称为底层，以坡底场地作为室外地面；与坡顶相连接的楼层称为平顶层，以坡顶场地作为室外地面；平顶层以下、底层及底层以上的楼层称为吊层；平顶层及以上楼层称为上层。

坡地建筑及坡顶的连接设施，仅满足人员出入疏散、宽度较小的称为天桥；兼有其他用途（如作室外环境）、宽度较大的称为平台。

坡地建筑总高度（总层数）指：建筑底层室外地面到其檐口或屋面面层的高度（层数）。

坡地建筑吊层高度（层数）指：坡地建筑底层室外地面到其平顶层与坡顶相连接的楼板面层的高度（层数）。坡地建筑上层高度（层数）指：坡地建筑平顶层室外地面到其檐口或屋面面层的高度（层数）。[①] 图1-1是对上述概念的图解。

重庆市的这一规范细化了相关概念的理解，规范了当地的消防设计措施，值得类似地区借鉴。

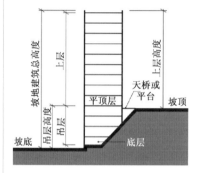

▲ 图1-1　参照《重庆市坡地高层民用建筑设计防火规范》对坡地建筑相关概念的图解

资料来源：作者整理，蔡少敏绘制

1.1.2　建筑设计、室内设计

建筑设计、室内设计是设计界经常使用的名词，它们是建筑学专业中的重要组成内容，二者具有密切的关系。

1. 建筑设计、室内设计的概念

建筑学是一门传统的学科，在人居环境建设中具有十分重要的作用。通过介绍建筑学的概念，就可以清楚地了解建筑设计与室内设计的概念。

建筑学是研究建筑物及其环境的学科，也是关于建筑设计艺术与技术结合的学科，旨在总结人类建筑活动的经验，研究人类建筑活动的规律和方法，创造适合人类生活需求及审美要求的物质形态和空间环境。建筑学是集社会、技术和艺术等多

[①] 重庆市设计院、重庆市公安局消防局主编：《重庆市坡地高层民用建筑设计防火规范》（DB 50/5031—2004）2004，第2～3页。

重属性于一体的综合性学科。建筑学与力学、光学、声学等自然科学领域，水工、热工、电工等技术工程领域，美学、社会学、心理学、历史学、经济学、法律等人文学科领域都有着紧密的联系。传统建筑学科的研究对象包括建筑物、建筑群和室内家具的设计，以及城市村镇和风景园林的规划设计。随着建筑学科的发展，城乡规划学和风景园林学逐步从建筑学中分化出来，成为相对独立的学科。今天的建筑学包括建筑设计、建筑历史、建筑技术、城市设计、室内设计和建筑遗产保护等方向，并由此与城乡规划学和风景园林学共同构成综合性的人居环境科学领域。建筑学包含以下6个研究方向。

（1）建筑设计及其理论方向：主要研究建筑设计的基本原理和理论、客观规律和创造性构思，建筑设计的技能、手法和表达。

（2）建筑历史与理论方向：主要研究中外建筑历史的发展、理论和流派，与建筑学相关的建筑哲学思想和方法论等。

（3）建筑技术科学方向：主要研究与建筑的建造和运行相关的建筑技术、建筑物理环境、建筑节能及绿色建筑、建筑设备系统、智能建筑等综合性技术以及建筑构造等。

（4）城市设计及其理论方向：主要研究城市空间形态的规律，通过空间设计使城市及其各组成部分之间相互和谐与风格一致，展现城市的整体印象与整体美；同时满足人类对生活、社会、经济以及美观的需求。

（5）室内设计及其理论方向：主要根据建筑物的使用性质、所处环境和相应标准，运用物质技术手段和建筑美学原理，创造功能合理、舒适优美、满足人们物质和精神生活需要的室内环境。

（6）建筑遗产保护及其理论方向：主要研究反映人类文明成就、技术进步和历史发展的重要建筑遗存的保护，涉及艺术史、科技史、考古学、哲学、美学等一般人文科学理论，也涉及建筑历史、建筑技术、建筑材料科学、环境学等学科理论和知识。[1]

---

① 同济大学建筑与城市规划学院：《建筑学专业全日制硕士专业学位研究生2013年培养方案》，2013年5月修订（该方案中关于建筑学学科的描述引用了国务院学位委员会关于建筑学一级学科的介绍）。

2. 建筑设计与室内设计的关系

室内设计与建筑设计具有密切的关系，二者都属于建筑学的范畴，难以截然分开。一般而言，建筑设计在工作程序上先于室内设计，建筑设计是室内设计的基础和前提，室内设计是建筑设计的继续和深化。舒适的室内环境很大程度上取决于良好的建筑设计，二者必须同时构思、同时思考。

从最终效果而言，成功的室内设计离不开优秀的建筑设计；同时，真正优秀的建筑设计也离不开优秀的室内设计，人类历史上的伟大建筑几乎都有伟大的室内环境，一个优秀的室内设计完全可以弥补建筑设计的不足。

就地下建筑而言，室内设计不但离不开建筑设计，甚至离不开结构设计等其他专业。例如，由于拱结构具有优良的抗压性能，能够较好地承受地下空间上部土层的压力，因此成为地下空间经常采用的一种结构方式，从中国传统的窑洞到近现代的防空洞等莫不如此，所以，拱形空间往往是地下空间的一种主要形态。

1.1.3 地下建筑空间

本书的书名是《城市地下空间室内设计》，书中论述的"地下空间"主要位于城市，特别是大中型城市，因为大中型城市大规模开发地下空间的需求往往更为迫切。书中的"地下空间"主要指是"地下建筑空间"（underground architectural space），其涵盖范围较广，比较接近于"地下室""半地下室"的概念，也可以包含坡地建筑中"吊层"的概念。

本书主要研究具有日常使用功能的地下民用建筑空间室内设计，如：地铁车站、地下住宅、地下商场、地下商业街、地下餐饮、地下文化空间、地下娱乐空间等的室内设计，而车库、库房、设备房等地下建筑空间以及其他地下构筑物一般不需要进行专门的室内设计，所以本书基本没有涉及。

对于地下建筑空间而言，往往需要室内室外互动、地上地下互动，为此在建筑设计阶段就必须进行谋划，仅仅依靠室内设计是无法形成良好的空间效果的。所以，本书尽管以介绍地下建筑空间室内设计为主，但也必然涉及一些建筑设计乃至城市设计的内容。

1.2 地下建筑空间的特征

与地上建筑空间相比，地下建筑空间具有自身的特点，其中既有有利的因素，也有不利的因素，需要扬长避短，充分发挥地下空间的优势，推动人居环境的可持续发展。

1.2.1 地下建筑空间的优势及弱势

地下空间有优势，也有缺点，表1-1从物质空间、机制、投入成本、社会效益等方面对其作了简明扼要的总结，使我们可以对其有一全面的了解。

表1-1　　　　地下空间的优势和弱势分析

主要内容	子项	潜 在 优 势	潜 在 问 题
物质空间和机制方面	区位方面	(1) 易于贴近现有设施建造； (2) 可以没有地面建筑物； (3) 便于提供服务设施； (4) 利于某些决策	(1) 可能遇到不良地质； (2) 可能遇到不明地质
	隔离功能	(1) 气候方面：热环境较为恒定、能回避严酷气候、回避火灾、减少地震损失； (2) 防护方面：有助于减少地面噪声、地面震动、爆炸、辐射性微尘、工业灾害的影响； (3) 安全方面：出入口较少、各个界面都有很好的保护，易于防盗； (4) 遏制功能：能防止有害材料、有害过程对地面社区、地面人群的影响	(1) 气候：热环境方面也有缺陷，如通风、换热、保持湿度等需要通过人工方式解决；易于被水淹没； (2) 地下空间对外通信较为困难； (3) 人们使用方面的问题：心理上的接受度、生理上的担心、防止内部着火、个人安全等
	保护功能	(1) 美学方面：可以对地面建成环境没有影响，有利于形成独特的地下内部空间特征； (2) 环境方面：有利于保护自然环境、保护生态，有利于雨水回灌大地； (3) 材料方面：有利于保护材料	(1) 美学方面：没有建筑体量、没有标志性、不易找到出入口，容易给人造成阴暗潮湿的不良感受等； (2) 环境方面：改变了地质情况，可能对上部土壤和植被造成一定影响
	布局方面	(1) 不受地形制约； (2) 有利于三维规划	(1) 需要考虑土质情况； (2) 跨度受到一定限制； (3) 出入受到一定限制； (4) 适应性有一定限制； (5) 污水排放有些难度

续表

主要内容	子项	潜 在 优 势	潜 在 问 题
物质空间和机制方面	机构方面	—	（1）涉及所有权、使用权的问题，涉及法律手续； （2）涉及规划批准问题； （3）涉及建筑法规问题； （4）地质的不明确性将导致投资的不确定性
生命周期成本方面	初始投资	（1）有利于节约土地成本； （2）有利于节约建造成本（有材料显示：地下空间可以在施工方面、热环境控制方面降低造价）； （3）如果地下空间开发与采矿等活动有机结合、统一规划，则有助于降低成本； （4）对有特殊设计要求的空间而言，有助于降低成本	（1）工作条件受到限制； （2）需要地面支持； （3）出入口有限； （4）需要地面开挖（涉及运输和处置）； （5）投资的不确定性（涉及地质情况、合约情况、手续的拖延等）
	运行成本	（1）有利于维护； （2）有利于保险； （3）有利于节能	（1）设备/材料运输不易； （2）人员到达不易（特别是一些很深的地下空间）； （3）通风和照明成本较高； （4）维护和修理成本较高（特别是涉及结构、防水方面的维修）
社会效益方面		（1）提高土地利用率； （2）提高交通、物流效率； （3）有利于减少能耗； （4）环境、美学方面有益处； （5）有利于防止灾害； （6）有利于国家安全； （7）有利于减少建设破坏	（1）环境恶化方面：当大规模利用地下空间时，需要考虑地下设施对土壤、地下水等的影响； （2）永久性变化方面：地下空间一般都永久性地占有了地下土地，因此需要谨慎规划，综合考虑； （3）材料内含能量方面：地下空间结构需要消耗很多建材，带来较多的材料内涵能量

资料来源：主要译自CARMODY John, STERLING Raymond. Underground space design：a guide to subsurface utilization and design for people in underground spaces［M］. New York：Van Nostrand Reinhold，1993：26，同时综合整理了其他相关材料

1.2.2 地下建筑空间对人的生理和心理影响

从建筑设计和室内设计角度而言，地下建筑空间的最大特点是：位于地下，一般无法开窗，是一种封闭性的空间。地下建筑空间的这一特点对工作和生活在其中的人们造成了一系列的生理和心理影响，同时也对设计提出了相应的要求和策略。

关于地下建筑空间的环境心理学研究很多，不少学者都通过调研提出了相应的结论。这里仅整理引用同济大学建筑系室内设计教研室对上海地铁车站所作的调研（2003），整理成表1-2，以供参考。

表1-2   上海地铁车站内部环境调研综合表

类别	问题分类	具 体 描 述
旅客在地铁车站中的主要生理问题	空气环境质量方面的问题	（1）温湿环境不佳：地铁车站位于地下，空间相对封闭，同时由于静水压力的作用，容易产生湿辐射，使人感到潮湿。热湿的共同作用，容易使人感到胸闷、气急等不适。 （2）气流速度不佳：对人体散热与皮肤蒸发不利，容易产生闷热不适。 （3）负离子数量不足：地铁车站即使在温湿环境与气流速度等方面都达到比较舒适的指标，但由于负离子数量不足，使人在地铁车站环境中停留较长时间时，仍容易出现头晕、烦闷、乏力等不适现象。 （4）空气清洁度不佳：氧气（O_2）含量不足，一氧化碳（CO）、二氧化碳（CO_2）含量过高，细菌含量偏多，氡和其子气体浓度过量等因素都对人体有害，严重时可能致病、致伤，甚至造成死亡
	声环境质量方面的问题	位于地下的地铁车站空间封闭，内部噪声源所产生的噪声声压级比地面车站要高，对内部环境影响较大。这包括列车通过时造成的噪声、内部设备工作时产生的噪声及人流活动产生的噪声等。一般旅客在地铁车站停留的时间比较短，所以噪声对人体危害的问题不太突出，但对于工作人员的影响则比较大
	光环境质量方面的问题	在地下，天然采光、室外环境和室外景观比较缺乏，如若处理不当，容易使人感到昏暗封闭
旅客在地铁车站中的主要心理问题	由声、光、热等物理因素引起的心理感受	在噪声方面（主要来源：列车、来往人流及商店、小卖部等），一般没有特别不良的心理反应。但对于在无法预测车辆来往的通道、地下商业街等处，地铁车辆的噪声以及引起的震动常令人感到烦躁和厌恶
	安全感	引起不安全心理感受的因素主要是站台缺少屏蔽门等防护设施，担心拥挤时被挤下站台；地面太滑，担心滑到；担心产生火灾等突发情况时无法逃亡；人流量大时，感到通道狭小，担心产生混乱状况等

续表

类别	问题分类	具 体 描 述
旅客在地铁车站中的主要心理问题	方向和方位感知	在车站相对封闭的空间里，由于没有自然光、缺少地面参照物等原因，外界对人的作用显著减少，使人的方向、方位感知能力减弱，从而造成在无序环境中的紧张和无所适从
	对车站的识别	对于埋在土中的地铁车站，人们不可能从其建筑体量上识别，只可能在经历车站内部及出入口时，认知并记忆环境信息，从而识别车站并确定自身在城市中的方位而不致迷失方向，也同时得到情绪上的安全感
	其他	车站内的设施不够完善，使人们感到不方便。问题主要集中在厕所、检票机、电梯、座椅等的数量太少

资料来源：同济大学建筑系室内设计教研室，上海地铁车站共性元素调研分析报告[R]，2003。作者整理

表1-2虽然是2003年针对上海市已建成的地铁车站所作的调研，但却反映了地下建筑空间中普遍存在的一些问题，具有很好的参考价值。其中有些问题可以通过改善设施予以解决，如目前上海地铁车站站台已经基本上都安装了屏蔽门或防护措施；有些问题则可以通过设计手段（建筑设计、室内设计等）予以解决或缓解。

表1-3是美国学者John Carmody通过系统研究后所作的总结，清晰明了地指出了地下建筑空间存在的主要问题，需要设计师通过设计手段尽量予以缓解或解决。

表1-3   地下建筑空间主要问题分析

与心理相关的因素	（1）由于地下建筑空间大部分情况下无法让人观察到，所以，难以给人留下明显的印象。 （2）由于地下建筑空间往往没有建筑体量，所以，入口往往难以发现，会让人感到有些混乱。 （3）进入入口后，人是往下运动，因此容易产生负面的心理感受，让人感到不适。 （4）地下建筑空间在视觉上没有建筑体量和外观，加之没有窗户，缺乏外界参照物，所以，在地下建筑空间内，往往缺乏方位感。 （5）由于没有窗户，所以无法与自然和地面环境互动。 （6）由于没有窗户，容易产生幽闭恐惧症。 （7）地下空间一般容易与黑暗、冷漠、潮湿联系起来。 （8）地下空间一般容易与乏味、低矮等概念联系起来。 （9）地下空间容易使人担心，尤其担心受到火灾、洪水、地震等影响

续表

与生理相关的因素	（1）不少人工光源缺乏天然光的特点，让人感到与阳光隔绝。 （2）地下空间有时存在通风不佳、空气质量不良的问题。 （3）湿度高，对人体健康不利

资料来源：CARMODY John, STERLING Raymond. Underground space design: a guide to subsurface utilization and design for people in underground spaces [M]. New York：Van Nostrand Reinhold，1993：150

1.2.3　地下建筑空间室内设计重点

地下建筑空间室内设计在很多方面遵守与地上建筑相同的要求和设计原则，如：功能组合、流线组织、形式美学等。但是，地下建筑室内设计需要特别注意解决人在地下空间可能产生的生理和心理问题，为人们创造舒适、安全、高效、优美的环境。

在具体的室内设计中，要特别注意以下几点。

（1）充分了解建筑设计的意图。室内设计一般在建筑设计之后进行，因此要与建筑师充分沟通，了解建筑设计的意图和要求，尽量不破坏建筑师设想的整体空间氛围和要求。同时，在条件允许的情况下应该尽早介入，可以在建筑设计阶段就与建筑师沟通交流，共同营造良好的空间氛围。

（2）重点处理关键空间的效果。在一般情况下，出入口、庭院、中庭等空间是最容易出彩的地方。这些空间在地下建筑中尤其重要，它们是上下联系、内外联系的重要媒介，必须高度重视，塑造使人舒适、悦目的空间。

（3）尽量减弱地下空间的负面效应。人在地下空间的心理反应因人而异，程度不同。但总体而言，人在地下空间容易产生恐惧感、幽闭恐惧症、感觉丧失、与环境的相互作用减弱等一系列问题。在室内设计中要尽可能通过空间组织、界面处理、材料选择、光环境设计、标识设置等各种设计手段，改善甚至消除这些关于地下空间的负面印象，这是室内设计师的重要任务。同时也要积极与其他专业的技术人员配合，共同营造舒适的地下空间环境。

（4）充分尊重人们的心理习惯。尽管地下建筑空间具有不少优点，但在人们的心理习惯中，地下建筑空间存在不少缺点。虽然目前通过技术手段，已经可以大大改善地下建筑空间的环境质量，但有些心理习惯却难以迅速改变。如：有些业主认为进入入口后往下走不利于职场发展、不吉利等，所以，对于某些跌落式的地下空间（坡地建筑）尽量在底层设置主要出入口，满足人们往上走的心理习惯。

（5）认真执行各类设计规范。与地上建筑相比，地下建筑空间在防火、疏散方面具有一些弱势，因此必须全面地严格执行国家、地方和行业部门制定的设计规范，确保人们的生命和财产安全。

1.3 地下建筑空间的发展演化

虽然人类有意识大规模开发地下空间的历史并不长，但对地下空间的利用却从人类文明伊始就开始了，具有久远的历史。研究人类利用地下空间的发展演化，可以有助于今天更好地开发和利用地下建筑空间。本书简略地把地下建筑空间的开发利用分为工业革命之前、工业革命之后两大阶段。

1.3.1 工业革命之前

原始人类利用洞穴的历史应该非常久远。中国考古学家发现：距今约50万年的北京周口店的中国猿人——北京人就居住在天然山洞内。此外，在广东阳春和河南安阳、开封等地也发现了旧石器时代晚期的洞穴遗址。中国的古代文献中也有若干记载，如《易·系辞》中的"上古穴居而野处"，《礼记·礼运》中的"昔者先王未有宫室，冬则居营窟，夏则居橧巢"，反映出原始人类在生产力很低的情况下可能采取的居住方式。[①]从世界范围来看，不论是天然山洞，还是人工穴居，它们都是人类在进化发展过程中利用自然，获取较好生存条件的成功范例。有些洞穴内还留下了具有很高艺术价值的壁画，其艺术特征和反映的内容至今令人着迷。图1-2为费莱斯洞窟（Caverne des Trois Freres）内描绘一群动物的壁画。

1. 中国

经过中石器时代到新石器时代，在中国辽阔的土地上散布着大大小小的氏族部落，其中仰韶文化的氏族分布在黄河中游肥沃的黄土地带，从事农业生产，逐步形成母系氏族公

---

① 刘敦桢：《刘敦桢全集·第九卷》，中国建筑工业出版社，2007，第22页。

图1-2 费莱斯洞窟内描绘一群动物的壁画 ▶

资料来源：荆其敏.建筑环境观赏 [M].天津：天津大学出版社，1993：20

社。西安半坡村是仰韶文化的建筑遗址。半坡村仰韶文化住房有两种方式：一种是方形；一种是圆形。方形的多为浅穴，通常在黄土地面上掘成0.5～0.8m的浅穴，通过斜阶到达室内地面，是一典型的半地下空间。室内地面则已经用草泥土铺平压实，地上挖有弧形浅坑作火塘，供炊煮食物和取暖之用。火塘位置接近门口，使流入的冷空气得到加热。①图1-3即为西安半坡村原始社会方形住房复原图。

图1-3 西安半坡村原始社会方形住房 ▶

资料来源：刘敦桢.刘敦桢全集·第九卷[M].北京：中国建筑工业出版社，2007：24

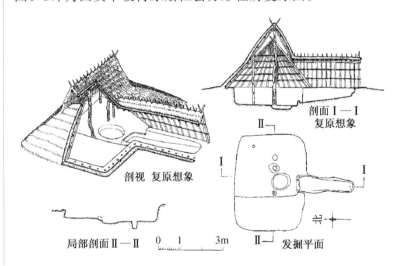

尽管利用地下空间的历史很长，但总体而言，工业社会之前的生产力水平普遍不高，人类对于利用地下空间主要局限于居住、墓葬、石窟等方面，种类比较单一、规模不大。

---

① 刘敦桢：《刘敦桢全集·第九卷》，中国建筑工业出版社，2007，第22～24页。

1）穴居

窑洞是中国在农业社会发展得相当成熟的一种穴居类型。黄河中游地区具有广阔的黄土地带，横跨甘肃、陕西、山西、河南等省，这里是世界上黄土层最发育的地区之一。黄土以石英构成的粉沙为主要成分，颗粒较细，土质黏度较高，黏聚力和抗剪强度较大，具有良好的整体性、稳定性和适度的可塑性。那里的黄土既易于壁立，又便于挖掘，同时具有保暖、防寒的性能，黄土的这些特点为窑洞发展奠定了基础。根据地形的不同，中国的窑洞主要有靠山式窑洞和下沉式窑洞两大类，人们在技术条件非常有限的情况下，充分利用当地的自然条件创造了适于居住、生活的人居环境，图1-4—图1-6是中国的一处地下聚落，数户住户的窑居连在一起，成为一个整体，别具风味。在西北，窑洞不仅用于居住，甚至还用于学校等公共用途，形成了别具特色的建筑形态，如图1-7所示。

◀ **图1-4　地下街聚落平面图**

资料来源：侯继尧，王军.中国窑洞［M］.郑州：河南科学技术出版社，1999：27

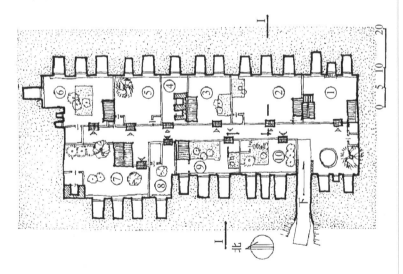

◀ **图1-5　地下街聚落剖面图**

资料来源：侯继尧，王军.中国窑洞［M］.郑州：河南科学技术出版社，1999：27

2）墓葬

墓葬是一类特殊的建筑。概括说来，西汉以前，帝王、

图1-6　地下街聚落透视图 ▶

资料来源：侯继尧，王军.中国窑洞［M］.郑州：河南科学技术出版社，1999：26

图1-7　陕西省礼泉县烽火大队中学外观 ▶

资料来源：张壁田，刘振亚.陕西民居［M］.北京：中国建筑工业出版社，1993：26

图1-8　战国木椁墓结构 ▶

资料来源：刘敦桢.刘敦桢全集·第九卷［M］.北京：中国建筑工业出版社，2007：66

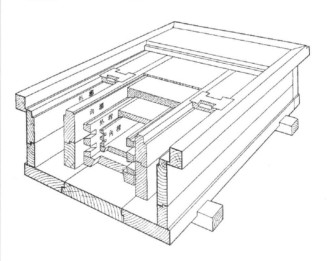

贵族用木椁作墓室，但由于木椁不利于长期保存，加之砖石技术的进步，逐渐发展出石墓室和砖墓室。在砖墓室中，早期采用大块空心砖，但空心砖体型过大过长，烧制不便，用作墓顶板梁也易于折断，因此东汉之后又兴起小砖与拱顶墓室，拱顶墓室在东汉以后逐渐成为墓室结构的主流。两拱相交会产生穹窿顶，西汉末年的墓中已有此种形式，后来，穹顶发展成为独立的结构。由于提高墓室空间和无模板施工的

需要，穹顶的矢高逐渐增大，逐渐出现了叠涩砌的穹窿顶。至明清两代，还进一步出现了石作的拱券结构。①图1-8为战国木椁墓结构，图1-9为战国两汉的砖墓结构。

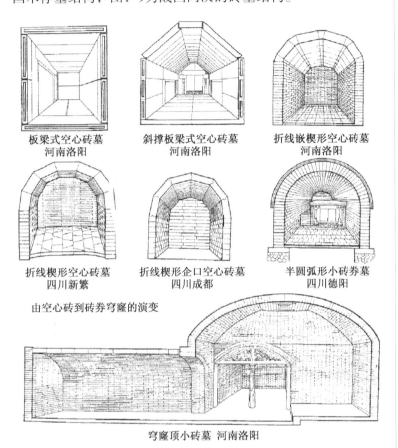

◀ **图1-9 战国、两汉砖墓结构**
资料来源：刘敦桢.刘敦桢全集·第九卷［M］.北京：中国建筑工业出版社，2007：63

板梁式空心砖墓
河南洛阳

斜撑板梁式空心砖墓
河南洛阳

折线嵌楔形空心砖墓
河南洛阳

折线楔形空心砖墓
四川新繁

折线楔形企口空心砖墓
四川成都

半圆弧形小砖券墓
四川德阳

由空心砖到砖券穹窿的演变

穹窿顶小砖墓 河南洛阳

　　在墓葬中，帝王的陵寝很有代表性。历代帝王往往花费了大量的人力物力建造自己的陵寝，形成了一类特殊的地下建筑，具有很高的建筑艺术价值。乾陵是唐高宗李治（628—683年）与武则天（624—705年）的合葬墓，位于陕西乾县。唐代帝王具有依山为陵的传统，乾陵的总体布局充分利用地形，形成了"头枕梁山、脚踏渭河"的布局。墓室藏于梁山之中，利用梁山前的双峰建为墓前双阙，加之神道前的石柱、飞马、朱雀、石马、石人、碑、藩酋群像、石狮等，使整个陵区气势恢宏、极具特色（图1-10）。乾陵没有进行过

───────────────

① 潘谷西主编：《中国建筑史》，中国建筑工业出版社，2009，第138~139页。

发掘，内部空间情况不明。但其周围的陪葬墓之一——永泰公主（唐高宗孙女，684—701年）墓进行了发掘（图1-11和图1-12），墓室内绘有精美的人物题材壁画，顶部绘有天象图，据说这是自秦始皇（公元前259—210年）以来的一贯做法。

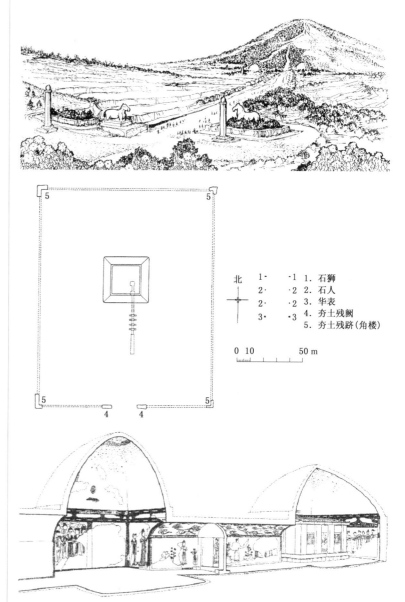

图1-10 乾陵依山为陵，气势恢宏 ▶
资料来源：张壁田，刘振亚.陕西民居［M］.北京：中国建筑工业出版社，1993：22

图1-11 唐永泰公主墓总平面图 ▶
资料来源：刘敦桢.刘敦桢全集·第九卷［M］.北京：中国建筑工业出版社，2007：146

北　1. 石狮
　　2. 石人
　　3. 华表
　　4. 夯土残阙
　　5. 夯土残跡（角楼）

0　10　　　　50 m

图1-12 唐永泰公主墓剖视图 ▶
资料来源：刘敦桢.刘敦桢全集·第九卷［M］.北京：中国建筑工业出版社，2007：146

　　至明代，帝王陵墓有所变化，形成了"方城明楼"加"宝顶"的做法，帝王的墓室在宝顶之下。明朝陵墓地下墓室都用巨石发券构成若干墓室相连的"地下宫殿"。1956

年考古工作者发掘了16世纪末建造的明神宗（1563—1620年）的陵墓——定陵。其墓室平面以一个主室和两个配室为主，以及由三室之间的三重前室与最后一室十字形相交的两个隧道所组成（图1-13和图1-14），这是地上庭院式布局的反映。主室和配室就是正殿和配殿，三个前室代表三进院子。由于结构的限制，这三进院子采用了三段连续的大券道形式。①

◀ **图1-13 明代帝王陵墓采用"方城明楼"加"宝顶"的方式**

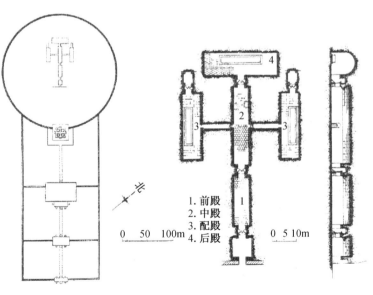

1. 前殿
2. 中殿
3. 配殿
4. 后殿

0　50　100m

0　5　10m

◀ **图1-14 明十三陵定陵平面、剖面图**

资料来源：刘敦桢.刘敦桢全集·第九卷［M］.北京：中国建筑工业出版社，2007：361

---

① 刘敦桢：《刘敦桢全集·第九卷》，中国建筑工业出版社，2007，第361页。

图1-15 山西大同云冈石窟意向图 ▶

资料来源：[美]詹姆斯·沃菲尔德.
沃菲尔德建筑速写[M].陈易编译.
上海：同济大学出版社，2013：169

图1-16 山西太原市天龙山第3 ▶
窟内景图

资料来源：刘敦桢.刘敦桢全集·
第九卷[M].北京：中国建筑工
业出版社，2007：101

3）石窟

　　石窟是又一类具有地下建筑特征的空间，石窟与宗教
（特别是佛教）具有很大的关系。据记载，中国佛教在两
晋、南北朝时期得到很大发展，各地建造了大批寺院、石窟
和佛塔。一般认为开凿石窟始于魏晋南北朝，人们在山体凿
窟，建造佛像，至隋唐达到鼎盛。中国出现了一批著名的石

窟，如：河南洛阳的龙门石窟、山西大同的云冈石窟、山西太原的天龙山石窟、甘肃的敦煌石窟等，图1-15即为山西云冈石窟一景。图1-16是山西太原市天龙山第3窟内景，可以体会到其内部的空间布置和装饰处理。

2. 其他国家

工业革命之前，世界其他国家也有不少成功利用地下空间的实例，内容同样涉及居住、墓葬、宗教及石窟。

1）居住

在世界各地，其实都有地下穴居的建筑。图1-17是突尼斯地下聚居点的概貌，居民生活在地下，向地下挖成大小不等的坑，有圆形、方形和矩形，深6～10m，在坑周围向里横向挖洞居住，在院中活动。从远处望去，根本感觉不到村落的存在，只见炊烟，与我国黄土高原的下沉式窑洞民居非常相似①。

图1-18是土耳其的凯马可利（Kaymakli）地下城，1954年被发掘出来，是一座在山体中挖掘成的多层地下综合体，现存部分有4层空间，其他几层已经坍塌，为中世纪时欧洲基督徒逃到这里后所修建。为了坚持自己的宗教信仰，在这一带建造了大量教堂和修道院，同时为数以万计的难民开辟了地下居住空间，至今仍能看到不少厅、室、通道、厨房、蓄水池、酒库、碉堡、瞭望塔，以及通风道等，在洞口处有盘状石门用于防护，只能从里边启闭。据估计，在这个综合性的地下空间中，可以容纳6万人居住和进行各种活动。②

图1-19是意大利马泰拉（Matera）石窟民居，马泰拉山区位于意大利南部巴斯利卡塔（Basilicata），这里有一条350～400m深的石灰岩地带，有高原区、山谷地带和两处天然地陷，还有称作Sassi的窑洞。自旧石器时代开始就有人居住在此。历史上该地区人们主要从事农业，后来出现了永久性的村庄。③ 图1-20是改造为旅馆的石窟民居。

▲ 图1-17 突尼斯地下聚居点概貌图

资料来源：童林旭.地下建筑学［M］.北京：中国建筑工业出版社，2012：6

▲ 图1-18 土耳其凯马可利地下城遗址平面图

资料来源：童林旭.地下建筑学［M］.北京：中国建筑工业出版社，2012：7

---

① 童林旭：《地下建筑学》，中国建筑工业出版社，2012，第6页。
② 童林旭：《地下建筑学》，中国建筑工业出版社，2012，第7页。
③ 刘力：《当代宗教建筑精神空间塑造初探——以意大利当代教堂为例》，同济大学硕士学位论文，2013，第20页。

图1-19 马泰拉石窟民居 ▶

图1-20 改造为旅馆的石窟民居 ▶

2) 墓葬

地下空间用于墓葬在世界各国都十分普遍。如：地中海马耳他（Malta）岛发现了哈加坤姆钮利瓦村（Hagar Qim Neolithic）的地下庙宇和居民区，从哈波吉姆（Hypogeum）的哈尔·萨夫列尼（Hal Saflieni）墓群平面可以看出许多连结着的地下墓室，其中一个墓室曾发现了7 000具尸骨。这个墓室有两层，有坡道和楼梯连接着，地下深度达到40英尺（约12m）。[①]哈尔·萨夫列尼是一个巨大的地下建筑，建于约公

① 荆其敏：《覆土建筑》，天津科学技术出版社，1988，第3页。

元前2500年，它是利用大型的传动索运输巨石和珊瑚石灰石建造而成。这座地下宫殿可能曾是避难所，但从史前时期起便成为大墓地，目前已列入世界遗产名录，[①]如图1-21所示。

　　金字塔闻名于世，是埃及法老建造的陵墓。虽然体积宏大，是建于地面之上的巨大石砌建筑，但其墓室位于金字塔内部，不见阳光，也具有地下空间的特征，如图1-22和图1-23所示。

◀ 图1-21　哈尔·萨夫列尼地下墓室

◀ 图1-22　宏伟壮观的埃及金字塔

资料来源：［美］詹姆斯·沃菲尔德.沃菲尔德建筑速写［M］.陈易编译.上海：同济大学出版社，2013：79

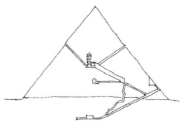

▲ 图1-23　埃及金字塔剖面

---

① Hal Saflieni Hypogeum—UNESCO World Heritage Centre，2013-08-24，http://whc.unesco.org/en/list/130。

3）石窟及宗教建筑

利用山体建造神庙具有悠久的历史，埃及的哈特谢普苏特神殿（the Mortuary Temple of Hatshepsut）就是典例。哈特谢普苏特（约公元前1508—1458年）是埃及的女法老，她的神殿依山而建，气势恢宏。图1-24和图1-25就是其外观和内部的装饰壁画。

图1-24 远眺哈特谢普苏特神殿依 ▶
山而建，气势宏大

资料来源：[美]詹姆斯·沃菲尔德沃菲尔德建筑速写[M].陈易编译.上海：同济大学出版社，2013：151

图1-25 哈特谢普苏特神殿内的 ▶
壁画

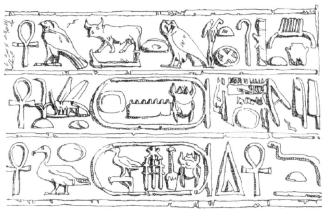

印度是文明古国，也是佛教发源地，中国的石窟受印度的影响。在印度，石窟庙宇大约有1 200处，其中约300处为婆罗门教（Brahmanical，印地语）或者耆那教（Jainism），约900处为佛教的，各类寺院是印度建筑的主流，这些在岩石中砌筑的寺庙广泛分布在印度的西部、南部和中部①，图1-26则是印度石窟的内景。图1-27是印度埃罗拉石窟群（Ellora Caves），该石窟群建于4世纪中叶至11世纪，共34座石窟，坐东面西，自南至北绵亘1 500m，逶迤散落在山坡之上，是印度佛教、印度教和耆那教艺术的杰出代表。该石窟群1983年被联合国教科文组织列入《世界遗产名录》。②

世界各地有不少地下教堂，英语中有Monolithic Church一词，指：从一块巨石上开凿出来或者凿于山体之中的教堂。法国的圣艾米侬就是一例。法国圣艾米侬小镇（Saint Emilion）位于波尔多（Bordeaux）一带，是著名的葡萄酒乡，被列入世界遗产。小镇上的圣艾米侬教堂是从岩石中开凿出来的教堂，据称是全欧洲最大的地下教堂，高约20m，宽38m左右。该地区的地质主要是泥灰岩构成，土质较为松软，因此僧侣们在泥灰岩中挖掘空间，经过约200年的努力，终于建成了独具一格的地下教堂。③图1-28为教堂外观，巍

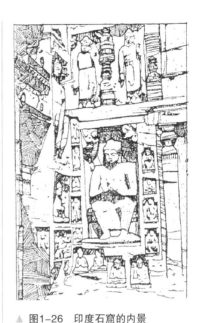

▲ 图1-26　印度石窟的内景

资料来源：张绮曼，潘吾华.室内设计资料集2［M］.北京：中国建筑工业出版社，1999：272

◀ 图1-27　印度埃罗拉石窟群

---

① 荆其敏：《覆土建筑》，天津科学技术出版社，1988，第3页。
② 埃洛拉石窟群，百度百科，2013-08-24，http：//baike.baidu.com/view/667676.htm。
③ 《圣艾米侬欧洲最大地下教堂危危乎》，《太阳报》，2013-08-24，http：//eladies.sina.com.hk/news/198/2/1/267651/1.html。

峨的教堂钟塔之下就是庞大的地下空间。

图1-29是意大利的马泰拉地区的一幢教堂，该教堂位于山丘顶部，与一块巨石融为一体，是名符其实的石窟教堂。

图1-28　巍峨的教堂钟塔下就是庞大的地下空间 ▶

图1-29　马泰拉地区的石窟教堂 ▶

教堂只有一个立面可以依稀辨认出是一处宗教建筑，其他部位都与山体融为一体。朝拜者通过一段曲折的攀岩山路才能到达教堂所在的岩石平台上，站立于此向四周眺望，可以看到连绵起伏的山脉，鳞次栉比的石窟村落，景色很有特色。教堂的主要空间是从岩石里开凿出来的，只有小窗能透进一些光线，十分神秘，如图1-30所示。在这里，可以很快摒弃一切杂念，感悟到纯净的宗教氛围。

◀ 图1-30　马泰拉地区石窟教堂内景

1.3.2　工业革命之后

　　工业革命是一场以机器取代人力，以大规模工厂化生产取代个体手工生产的生产与科技革命，在人类历史上具有里程碑意义。工业革命促使人口向城市转移，推动了近代城市的发展，但同时也带来了城市贫富分化、人口膨胀、住房拥挤、交通堵塞、环境污染等一系列"城市病"。借助科技进步，人们越来越多地通过技术解决面临的各种问题，开发城市地下空间亦成为人们解决城市病的有效途径之一。图1-31—图1-33显示了城市的地下基础设施，图1-34显示了城市地铁车站空间，图1-35则显示了城市空间的立体开发。

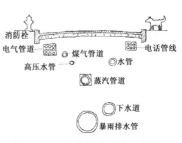

▲ 图1-31　国外城市道路下的常见管线

图1-32 城市道路下的基础设施 ▶

资料来源：David Macaulay. Underground
［M］. New York：Houghton Mifflin
Company，1976：71

**图1-33 城市道路下充满了各类
管线和检修井** ▶

资料来源：David Macaulay. Underground
［M］. New York：Houghton Mifflin
Company，1976：110

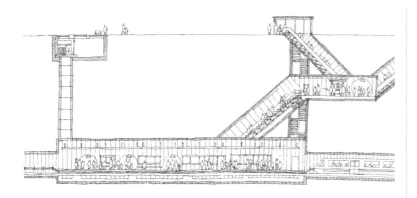

◀ 图1-34 城市地铁车站示意

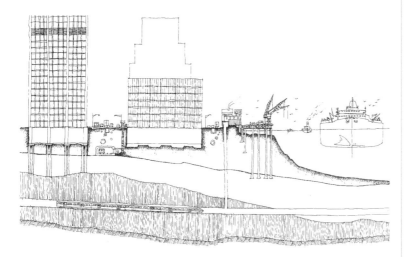

◀ 图1-35 城市地下空间的立体开发

1. 第二次世界大战之前

英国是工业革命的发源地，工业革命的很多成果首先在英国问世，近代城市飞速发展而导致的问题也首先在英国出现。近代城市利用地下空间一般以英国，特别是英国首都伦敦（London）为代表，伦敦在地下空间利用方面创造了很多世界第一。

1863年，伦敦建成世界上第一条地下铁道，伦敦贝克街站（Baker Street Station）的大都市线（Metropolitan Railway）站台就是1863年建成的，距今已有150年的历史，图1-36是当时伦敦地铁站台的情况，当年使用的是蒸汽机车，污染很大，图1-37和图1-38则是今天贝克街站的站台情况及站外街道上传说中大侦探福尔摩斯（Sherlock Holmes，1854—？）的雕像；1865年伦敦建成一条邮政专用轻型地铁，至今仍在使用，已发展到10.5km长；1875年，伦敦又开始建设下水道

图1-36 世界上第一条地铁线大 ▶
都市线的站台情况

资料来源：TRENCH Richard,
HILLMAN Ellis. London under
London—a subterranean guide ［M］.
London：John Murray，1993：139

图1-37 伦敦贝克街地铁站，世 ▶
界上第一条地铁在此通过

资料来源：李品绘制

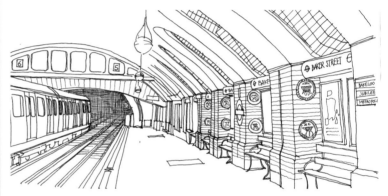

▲ 图1-38 贝克街地铁站外传说中
的大侦探福尔摩斯雕像

资料来源：李品绘制

系统。进入20世纪后，一些大城市普遍陆续建设地下铁道，城市地下空间开始为改善城市交通服务。交通的发展促进了商业的繁荣，日本从1930年开始建设地下商业街。[①]总之，在第二次世界大战之前，发达国家的城市已经开发城市地下空间。

2. 第二次世界大战之后

第二次世界大战结束之后，世界各国、特别是欧美各国的经济迅速恢复，城市建设日新月异，地下空间也随之得到迅速发展。

1）发达国家

在第二次世界大战结束至20世纪70年代后期，发达国家经济迅速发展，开展了大规模的城市建设。伴随着城市地价

① 童林旭：《地下建筑学》，中国建筑工业出版社，2012，第4页。

高攀、交通堵塞严重等问题，发达国家的大城市开始进行城市立体开发，借助先进的工程技术和雄厚的经济实力，开发了一批地下空间。在一些发达国家，这一时期的地下空间开发总量都在数千万到数亿立方米，表1-4显示了一些发达国家1960—1980年期间的地下空间开发规模。一些发达国家的大城市在这一时期已经建成了地铁系统，如巴黎（Paris）建成了相当完善的地下铁道网，承担了30%～40%的客运量，现还正在计划修建全长近50km的地下公路网，使每天在市内行驶的250万辆汽车中的40万辆转入地下，从而可使地面上的交通拥挤程度降低15%。[①]

表1-4　发达国家1960—1980年的地下空间开发规模

国名	地下空间开发总量/10^6m^3	
	1960—1970年	1970—1980年
日　本	9.0	37.0
美　国	4.0	22.5
意大利	4.0	11.2
法　国	3.2	8.5
挪　威	2.2	4.0
瑞　典	1.5	5.0
前联邦德国	1.3	3.7
加拿大	1.3	1.5

资料来源：童林旭.地下建筑学［M］.北京：中国建筑工业出版社，2012：4

　　发达国家在城市新区开发方面，也非常重视地上地下的综合开发，最著名的实例如巴黎西侧的新城拉德芳斯（La Defense）。巴黎是一座历史悠久的世界著名都城，在战后的城市发展中，巴黎也面临巨大的压力。20世纪60年代，法国政府决定在巴黎西侧近郊的拉德芳斯地区建设新城，这是巴黎规模最大的市区重建工程，所采用的城市设计手法和建筑手段之先进，当时在世界上是独一无二的。拉德芳斯地区面积750hm²，其中340hm²属于计划管理局（EPAD）。340hm²中150hm²用于公共设施，190hm²用于市区改建。经过多年开

① 童林旭：《地下建筑学》，中国建筑工业出版社，2012，第22页。

发，这里已经是高楼林立，商业繁华，交通通畅，面目一新。

拉德芳斯的交通系统规划参照了柯布西耶（Le Corbusier，1887—1965年）的城市设计理念和原则，充分开发地下空间，人车完全分离，地面层是一块长900m、面积48hm²的钢筋混凝土板块，将过境交通、货运、停车等功能全部覆盖起来。板块上面是人行道和居民活动场所，板块下部是公路，再往下是地下铁道。几种交通互不干扰，畅通无阻。凡需进入拉德芳斯的汽车，先驶入街区周边的高架单行环形公路，通过几组立交经几条放射形的公路进入板块下部。由于将机动车道路全部掩埋于地下，因而保持了新区街面的完整性。同时，还便于利用地面的自然坡度铺设出行人路面。道路和停车场则设在一块能将各个建筑物相互连接起来的、面积达40hm²、停车数量达32 000辆的地下层。为了使上下班的人们和这些楼群中的居民交通便利，规划设计中还考虑了小型电车和传送带。① 拉德芳斯在地上地下空间的一体化规划设计方面可谓史无前例，其经验至今仍值得学习借鉴。如图1-39—图1-42所示。

图1-39 拉德芳斯总平面图 ▶

资料来源：王建国.现代城市设计理论和方法［M］.2版.南京：东南大学出版社，2001：165

① 王建国：《现代城市设计理论和方法》（第2版），东南大学出版社，2001，第164～166页。

◀ **图1-40 拉德芳斯效果图**

资料来源：李雄飞，巢元凯.快速建
筑设计图集（下）［M］.北京：中
国建筑工业出版社，1995：49

◀ **图1-41 拉德芳斯南北向剖面图**

资料来源：王建国.现代城市设计理
论和方法［M］.2版.南京：东南大学
出版社，2001：166

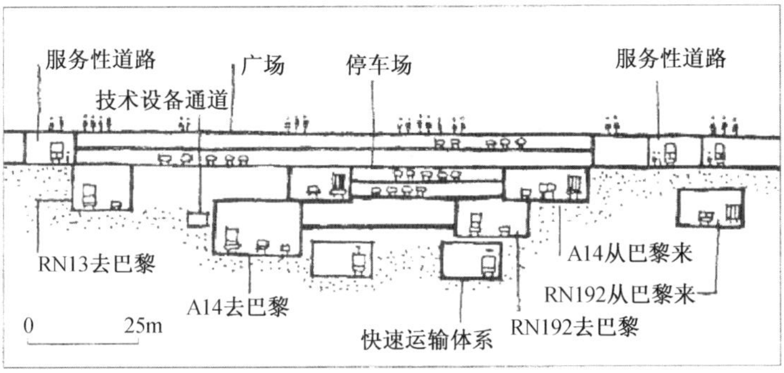

◀ **图1-42 拉德芳斯东西向剖面图**

资料来源：王建国.现代城市设计理
论和方法［M］.2版.南京：东南大学
出版社，2001：166

从第二次世界大战结束至20世纪70年代后期，发达国家大城市的立体化再开发基本完成，城市地下空间的大规模开发利用也随之告一段落，进入了总结经验、提高质量、适度发展的时期。城市地下空间的开发利用相对沉寂，但并没有停止，特点是数量少、质量高，像日本在这一时期建设的神户市（Kobe）站前广场地下街、川崎市（Kawasaki）站前广场地下街、大阪市（Osaka）长堀地下街等都有这样的特点。

美国在20世纪70年代盛行的以节能为主要目的的半地下覆土建筑，后因世界石油供应的回复和价格的回落而失去了发展势头。欧洲许多国家的民防工程建设也因冷战的结束而没有了过去的紧迫感。

20世纪80年代，许多发达国家大城市地下空间利用的重点开始转向以改善和提高城市生活质量为目标的大型城市基础设施建设。美国纽约（New York）建设的大型地下供水工程和芝加哥（Chicago）兴建的大型地下污水处理及排放系统，都是世界知名的工程。瑞典是有着地下空间利用传统的国家，近十几年来开发了大量地下空间，并正在研究和试验在深层地下空间埋藏核废料，以解除高放射性核废料对城市的威胁。

以上这些大型地下城市基础设施的建设势头有增无减。2000年，美国共修建26条隧道，长81.6mile（约131km），总投资20亿美元，其中交通隧道5条、供水隧道4条、排水隧道15条。在今后10年内，美国拟投资500亿美元用于基础设施建设，除高速公路外，基本为地下工程。

这些大型城市基础设施在很大程度上改善了原有城市的生活质量，也为21世纪的进一步发展创造了有利条件。[1]

与此同时，发达国家在设计普通建筑物时，也很重视利用地下空间。有时为了减少地面建筑物的体量，有时为了形成特殊的空间效果，建筑师常常将一些主要公共空间设置在地下，实现地上地下的一体化设计，这也在很大程度上推动了地下空间的利用和发展。图1-43—图1-46是英国建筑师诺曼·福斯特（Norman Foster）设计的剑桥大学法学院（Faculty of Law, University of Cambridge），建筑面积8 360m²。为了与周边环境协调，保持建筑的适当体量，建

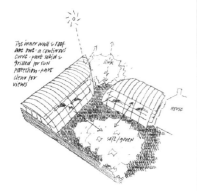

▲ 图1-43　诺曼·福斯特的设计草图——鸟瞰图

资料来源：林箐译，王向荣校.世界建筑大师优秀作品集锦——诺曼·福斯特［M］.北京：中国建筑工业出版社，1999：124

---

① 童林旭：《地下建筑学》，中国建筑工业出版社，2012，第23～24页。

◀ 图1-44　诺曼·福斯特的设计草图——平视图

资料来源：林菁译，王向荣校.世界建筑大师优秀作品集锦——诺曼·福斯特［M］.北京：中国建筑工业出版社，1999：127

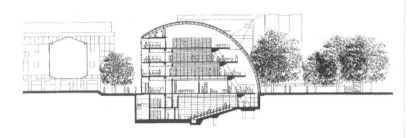

◀ 图1-45　剑桥大学法学院剖面图

资料来源：林菁译，王向荣校.世界建筑大师优秀作品集锦——诺曼·福斯特［M］.北京：中国建筑工业出版社，1999：128

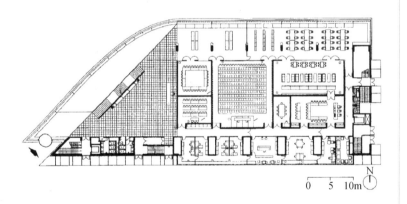

◀ 图1-46　剑桥大学法学院地下层平面图

资料来源：林菁译，王向荣校.世界建筑大师优秀作品集锦——诺曼·福斯特［M］.北京：中国建筑工业出版社，1999：128

筑师采用了地上4层，地下2层的布局方式。地下层设置了报告厅、书库、学生公共教室等空间，贯穿全楼的中庭和结构玻璃地板为地下层带来了自然光线，整幢建筑典雅、文静，与周边环境相得益彰。图1-47和图1-48是德国科隆大教堂（Cologne Cathedral）旁的路德维希博物馆（Museum Ludwig），为了减少建筑物对大教堂的影响，同时满足功能使用要求，建筑师利用了地下空间，很多展示空间都设置在地下，尽量弱化建筑物对大教堂的影响。

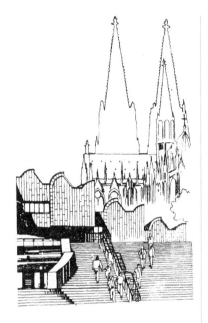

▲ 图1-47　路德维希博物馆利用地下空间降低建筑高度，减少对传统建筑的影响

资料来源：李雄飞，巢元凯.快速建筑设计图集（上）[M].北京：中国建筑工业出版社，1992：100

图1-48　路德维希博物馆剖面 ▶

资料来源：李雄飞，巢元凯.快速建筑设计图集（上）[M].北京：中国建筑工业出版社，1992：100

2）中国

在1965—1985年的20年间，我国地下空间利用的主体是人民防空工程，建设总量不过几千万平方米，距当时提出的防空用人员掩蔽面积标准的要求还相差很多；少量工程虽实行了平战结合，但在城市生活中起的作用很小。当时全国仅有北京修建了长约40km的2条地铁线路，还有天津1条10km左右的简易地铁。[①] 20世纪80年代中期以来，城市地下空间发展明显加快、规模明显加大。全国各地城市建设了大量高层建筑，每幢高层建筑均有地下室，有的还达到2层或者更多，据此可以认为中国应该已经建成了很大规模的地下空间。

随着城市化进程的迅猛发展，各大城市的人口规模不断扩大，城市交通拥堵日益严重，建设地下隧道、地下铁道成为不少城市的当务之急，北京、上海、广州、重庆、深圳、西安、苏州等大城市都开始大规模建设地铁系统。根据相关资料显示：截至2008年年底，我国已有10个城市拥有共29条城市轨道交通运营线路，运营里程达到776km，年客运总量达22.1亿次。到2015年前后，我国建成和在建轨道交通线路将达到158条，总里程将超过4 189km。[②] 以上海为例，"至2010年，轨道交通已有运营线路12条，总长度452.6km，运营车站275座（上述数据均含磁浮）。……轨道交通已形成网络化运营格局，规模效应日益显现，客运量增长幅度逐年增大，日均换乘客流约190万乘次，中心城轨道交通站点600m服务半径覆盖率达到28%左右。……到2015年底，力争使网络运营线路总长达到600km左右，车站总数达到375座左右。

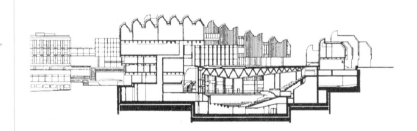

---

① 童林旭：《地下建筑学》，中国建筑工业出版社，2012，第25页。

② 刘展超：《国内22个城市79条地铁规划获批》，2013-08-24，http：//news.sina.com.cn/c/2009-08-21/025818478733.shtml。

进一步提高中心城轨道交通服务覆盖面和网络化水平。"①
目前，我国各城市的地铁车站建设均不同程度地考虑了立体
开发，将地铁车站与地面开发、地下商业开发等结合起来，
出现了一些大规模的地下空间开发项目（如：上海人民广
场、西安钟楼广场、济南泉城广场等），大大推进了城市地
下空间的开发利用。

各地在一些大型项目中，也非常重视地上地下空间的同
时规划、同时开发，如：上海世博会和上海虹桥综合区等就
非常重视地下地上的整体开发。上海世博会结束之后，世博
园区在后续开发利用中，计划将A，B，C三个片区地下商业
动线全部贯通连接，成为上海CBD中规模最大、最综合高效
的地下空间体系。据介绍："世博园区地下空间主要功能包
括地下道路、地下交通、地下车库、地下商场、地下文化娱
乐、地下能源中心等，特色建筑主要体现在A，B片区及世博
轴。其中，A片区地面四个街坊总用地面积约8万m²，地下
面积约21万m²；B片区地上总面积约60万m²，地下面积约45
万m²；世博轴地下面积约19万m²，建筑主体约75%均位于地
下。B片区地下商业动线连接A，C两个片区，地下商业区域
与地铁衔接，并通过交通枢纽大厅、沿博城路向东一直与世
博酒店的地下商业连为系统，直达中华艺术宫；向西则通过
13号线地铁连接C片区，从而实现世博园区内地下行人动线
东西贯通，成为上海CBD中规模最大、最综合高效的地下空
间体系。"②与此同时，如何再利用20世纪80年代之前建造
的地下空间（特别是那些人民防空工程）也开始引起人们的
思考，有些城市已经进行了一些有益的尝试。

总之，中国城市人口规模大、土地面积有限，因此开发
城市地下空间具有重要的战略意义，有助于缓解生存空间危
机，提升城市效率和聚集能力。改革开放之后，国内城市地
下空间开发的规模日益扩大，在利用城市地下空间方面已经
取得了显著的成绩。地下空间开发涉及诸多专业，涉及方方
面面的利益，对于建筑师和室内设计师来说，应该不断总结

---

① 上海市人民政府：《上海市人民政府关于印发上海市城市公共交通
"十二五"规划的通知》（沪府发［2012］58号）。

② 彭晓玲：《上海世博园"地下城"或将成最大CBD地下空间》，《新闻晨
报》，2013-07-19，http://news.sh.soufun.com/2013-07-19/10559616.htm。

国内外在地下建筑空间设计方面的成功经验，努力为大众营造安全、舒适、高效、美观的地下建筑空间，这既是本专业人员肩负的责任，也有助于改变人们习惯思维中地下空间封闭、沉闷、阴暗的印象，从而更好地推动地下建筑空间的持续利用。

2 地下建筑空间室内设计原则

当代地下建筑空间的规模越来越大、功能越来越综合，地下建筑空间设计（包括建筑设计和室内设计）表现出一些新的特点，尤其注重体现低碳环保、一体互动、安全高效、舒适愉悦、形象独特等方面的原则，对设计师提出了新的要求。

2.1 低碳环保

气候变暖是当前全球面临的共同挑战，科学家已经证明：如果人类不采取有效措施的话，未来几十年全球温室气体排放量将继续增长。中国的二氧化碳排放量随着经济增长处于增加过程中，目前已经成为世界第一排放大国，预期在未来一段时间内仍将持续保持增长趋势。因此，从保护地球、保护环境的角度出发，应该采取有效措施控制二氧化碳排放。控制二氧化碳排放涉及各行各业，在建设领域主要表现为建筑设计和室内设计的低碳化趋势。

绿色建筑、生态建筑、低碳建筑是目前建筑界十分热门的名词，尽管它们的概念有所不同，但核心思想、主要内容、技术手段却十分相似。就低碳建筑而言，虽然目前尚未建立完整的关于低碳建筑的概念、设计方法和评估方法，但大部分学者都认可从建筑全寿命周期出发评估建筑物的碳排放量，即：全面计算建筑物从材料构件生产、规划与设计、建造与运输、运行与维护、拆除与处理的全过程中的碳排放量情况。全寿命周期评估中碳排放量越小的建筑，其对环境的负面影响越小，越应该得到鼓励。

现实情况下，建筑物全寿命周期的碳排放量计算十分复杂，需要大量的基础性数据和资料，很难进行完整、深入的计算。因此，目前一般情况下，主要评估和计算建筑物运行过程中的碳排放情况。在建筑设计过程中，则往往通过定性和定量结合的方式进行评价。2006年，国家建设部在结合中国国情的基础上提出了《绿色建筑评价标准》（GB/T 50378—2006），从节地、节能、节水、节材和环境保护五方面提出了关于绿色建筑的相关评估标准，目前已经推出了《绿色建筑评价标准》（GB/T 50378—2014），成为国内评价低碳建筑的主要依据。

地下建筑在提高城市密度、节约土地、降低建筑空调能耗等方面具有先天优势，具备成为绿色建筑、低碳建筑的良好条件。在具体设计中，则可以通过运用3R（三个以英文R开头的字母，即Reduce，Reuse，Recycle）原则，贯彻低碳设计的理念。

2.1.1 减少不良影响（Reduce）

Reduce意指"减少"，这里主要指减少各类不良影响，包括：减少对自然的破坏，减少能源的消耗、减少对人体的不良影响等。

土地是宝贵的不可再生资源，中国人口众多，土地资源极其贫乏，节约土地资源尤其显得非常重要。开发利用地下空间具有提高城市密度、节约土地资源的重要作用。从2006年起，"合理开发利用地下空间"已经作为评判绿色建筑的条目之一。

节能是低碳建筑中的重要内容，地下建筑空间既有节能的潜力，但也增加了通风、除湿、照明、上下交通设备运行等一系列能耗，因此，要求设计人员采用高效节能设备，尽量降低建筑能耗。从建筑设计角度而言，由于地下建筑空间的特殊性，使得其节能设计手段不同于地面建筑，很多在地上建筑中行之有效的被动式设计手段（如：窗墙比、外遮阳、最佳朝向、自然通风等）在地下建筑空间设计中均很难使用或无法使用。一般情况下，较为行之有效的方法是：在地下建筑空间内引入自然光（通过下沉庭院、采光井等）、条件许可的情况下在地面部分充分利用太阳能、风能等可再生能源，也可以尝试采用地源热泵等方式。

节水是减少资源消耗、保护环境的重要一环。中国是缺水国家，大部分城市中均存在着缺水现象。因此，在建设过程中要合理用水，减少浪费；其次，应该考虑设立雨水收集系统、污水处理系统，注重雨水利用和中水（grey water）利用；另外，在卫生洁具选择上要鼓励选用高质量的节水型洁具，减少水体消耗。

节材也很重要，可以通过使用高强钢筋、高强水泥等材料减少材料消耗；同时通过精心设计，缩小构件尺寸、减少不必要的构件；树立简约的美学观念，少用纯装饰性构件，减少材料使用量。

2.1.2 再利用（Reuse）

Reuse有"再利用""重复使用"的含义。在建筑学领域，一般指建筑空间、材料、构配件、设备和家具使用一次以上，既可以是以同样的功能使用同一空间或同一物品，也可以在新的功能上赋予空间和物品以新的生命。"重复使用"可以节约时间、金钱、资源和能源，可以减少产生废弃物，同时还可以使空间更有历史感。

20世纪60年代至80年代曾在全国各地建设了一批地下防空洞，在如今和平年代，这些防空洞的防护功能已经逐渐淡化，可以通过再利用而重新发挥作用，国内不少城市已经将这些防空洞改造成商业空间。国外一些建筑的地下储藏空间，在条件许可的情况下，也都进行了再利用，作为商业、餐饮、展示之用。本书第4.2节介绍的意大利波罗米学院（Almo Collegio Borromeo）就显示了西方传统建筑地下空间的再利用，将地下室改造成供学生休闲、阅读的空间。

建筑物中的很多构件，如钢构件、木制品、玻璃、照明设施、管道设备、砖石配件等都有重复使用的可能性。通过再利用，可以提高材料的利用效率，防止其过早成为垃圾。发达国家鼓励人们在拆除建筑物的时候把拆下的建筑材料和房屋构件进行分类，分为可重复使用材料、单一的可循环使用材料、组合的可循环使用材料以及不可循环使用材料等，并对每类材料提出相应的处理方法。如可重复使用的材料通常包括：钢结构构件、木材、门窗、家具、尚可使用的室内分隔构件等，这些材料由专门的厂家回收并进行整理维修，以便再次利用。中国虽然有物资回收利用的传统，但目前对可重复利用建材的管理还有待进一步完善。

对设计人员而言，应该树立新的选材思想，不仅仅从材料的强度、美观、质感和价格出发选择材料，还应该充分考虑再利用以往材料与设备的可能性，并同时考虑目前选用的材料今后被重复使用的可能性。

2.1.3 循环利用（Recycle）

Recycle是"循环利用""循环使用"的意思。一般指：将建筑构件或者废弃物收集、分解，再制成（形成）新的产品的过程，其基本原理来自生态系统中物质不断循环的理论，有利于节约利用物资和紧缺资源，在建筑材料和废水处理方面表现得尤为明显。

在废水处理方面，中水利用系统即是典例。中水是指生活废水经处理后达到规定的水质标准，并能在一定范围内重复使用的非饮用水，中水可以用于厕所冲洗、园林灌溉、道路保洁、汽车洗刷及景观用水、冷却用水等，可以大大缓解用水紧张的情况。

建筑材料的循环利用也是各国的研究方向。目前全世界使用的金属材料中，钢铁所占的比例很高，随着矿产资源的逐渐枯竭，废钢铁必将成为钢铁生产的主要原材料来源。钢材的回收利用相对比其他建筑材料容易，但由于目前钢材种类繁杂，含有多种合金元素（如锰、铬、铜、镍等）、金属涂层（如锡、锌等）和涂层（如油漆、塑料等），使得回收的废钢铁化学成分复杂。循环多次使用的废钢用来生产新材料容易导致材料性能的下降，目前国内外都在研究如何在降低成本的前提下更好地从废钢中提炼优质钢材的方法。

废玻璃可以长期存在于自然环境中而无法降解消除，因而对环境的不良影响和危害很大，所以废玻璃的回收利用技术同样具有重要的低碳环保意义。此外，国外还出现了一些将破碎的安全玻璃的颗粒用于景观设计和陈设布置的实例，别出心裁。

2.2 一体互动

一体互动主要指：上下一体、内外一体，上下互动、内外互动。当代地下建筑空间往往不是完全封闭的地下空间，特别是地下民用建筑常常与其地上部分、地上环境，或者与相邻、相关的地上建筑存在着紧密的互动，这是当代地下建筑空间的一大特点。在地下建筑空间中，最主要的空间节点是：地面出入口空间、庭院空间、中庭空间，这是实现地上地下互动、室内室外互动的重要场所，是每一位设计师必须仔细推敲的空间。

2.2.1　出入口

无论是地上还是地下空间，出入口空间都是需要重点设计的部位。对于地下建筑空间而言，出入口设计尤其重要。

首先，要特别注意出入口的识别性，便于人们找到。出入口的设计应该具有一定的特色，注意与周围自然景观、周边建筑的协调和对比。

其次，要将人流出入口与货物、车辆出入口分开，为行人创造舒适、安全的环境。出入口要有充分的照度、完善的无障碍设施。

总之，出入口是联系室内室外、地上地下的重要媒介，必须引起设计人员的高度重视。

表2-1　　地下建筑空间各类出入口分析示意

跌落式地下建筑（坡地建筑）的出入口		这类建筑充分利用地形，所有地下空间都可以获得较好的通风和采光效果。出入口既可以设置在顶层，也可以设置在底层，甚至可以每层都有独立的对外出入口。 主要出入口设置在顶层或者底层各有利弊，但会形成不同的心理感受。设置在底层时，会形成往上走的感觉，获得与地面建筑类似的心理感受
通过通道与室外空间相连		这类地下建筑空间的主体离开室外道路较远，因此不得不设置较长的连廊空间与室外相连。在设计中，既要注意出入口空间的设计，也要注意连廊空间的设计。特别要注意通过室内设计的方法避免连廊空间的压抑感和单调感
通过台阶、坡道等进入地下空间	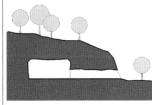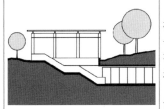	通过台阶、楼梯、坡道、自动扶梯等将人流引入地下建筑空间，是一种十分常见的出入口组织方式，在地铁车站出入口等处运用十分普遍。 如果在上部加上一些覆盖，则还能实现避雨的功能

续表

通过下沉空间进入地下空间		使地下建筑空间的出入口与下沉庭院、下沉广场相结合，一方面可以为地下建筑空间引入阳光和空气，另一方面可以使出入口空间更有生气，是一种很好的出入口设计方式。 在具体设计中，要注意：坡道、台阶、楼梯、绿化、构筑物、小品等的处理，使之成为功能合理、使用方便、充满活力的空间。 必要的时候，也可以在下沉空间上部做覆盖（或局部覆盖）处理，形成"灰空间"和别具一格的效果
通过独立的建筑物作为出入口		通过设置一个独立的地面建筑作为出入口，既可以形成一定的建筑形象，便于识别；同时也可以实现遮风避雨的目标，形成较好的环境质量
通过借助其他建筑进入地下空间		可以通过借助相邻建筑物的地面出入口和地下室，进入另一地下建筑空间。这在建筑加建、扩建中使用较多，具有资源整合的优势
地上地下一体化设计		对于具有地上空间的地下建筑空间，则一般都是通过地面部分的出入口进入地下空间，当然有时也可以根据功能需求同时设置地下空间的独立出入口

出入口是实现空间上下互动、内外互动的重要媒介，是地下建筑空间设计的重要内容之一。表2-1介绍了地下建筑空间出入口的常见情况，可供参考。在现实情况中，必须结合使用功能、基地情况、周边环境、室外道路、自然气候、经济条件等因素综合考虑，以取得最佳效果。

2.2.2 庭院和中庭

跌落式建筑（坡地建筑）可以充分利用地形，使建筑呈跌落式或部分跌落式布局，这样就可以尽可能利用室外资源，达到内外互动。

庭院和中庭也是实现空间上下互动、内外互动的重要媒介。当地下建筑的埋深不深的时候，可以设置地下庭院。地下庭院可以为地下建筑空间带来阳光、新鲜空气、自然景观等元素，大大改善地下建筑的空间效果，使之局部获得与地面建筑类似的感觉。

中庭虽然不能引入新鲜的室外空气，但仍然是获得理想空间效果的有效方式，适用于各种埋深的地下建筑空间。如果能在中庭部位引入自然光线，则效果更为理想。地下建筑空间设计中，中庭往往与景观电梯、自动扶梯、景观楼梯、绿化、水面等结合，通过精心设计，成为地下建筑空间的高潮和核心所在。

表2-2显示了地下建筑空间中常见的庭院和中庭类型，表2-3是各类中庭的常见剖面形式，图2-1则是加拿大多伦多伊顿中心（Toronto Eaton Center）的室内中庭，高大的中庭构成了室内商业步行街，把地上地下空间连成一体，使人不知不觉地从地铁车站进入室内商业街，令人流连忘返。

表2-2   地下建筑空间中常见的庭院和中庭类型

跌落式建筑和局部跌落式建筑	
单层下沉式庭院和多层下沉式庭院	
地下中庭	

表2-3　　地下建筑空间中常见的中庭剖面形式

上下等宽型	上大下小型	上小下大型	自由型

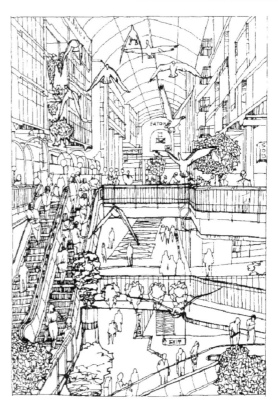

图2-1　加拿大多伦多伊顿中心内 ▶
丰富多彩的中庭室内效果

资料来源：张绮曼，郑曙旸.室内设计经典集［M］.北京：中国建筑工业出版社，1994：147

2.3　安全高效

与地上建筑相比，地下建筑在安全性方面具有不少优势，如：地下建筑在抗爆、抗震、防火、防毒、防核武器、防风等方面均有明显的优势。然而，对于发生在地下建筑空间内部的灾害（如：火灾、爆炸、水淹等），其造成的危害程度则远高于地上建筑，必须引起设计人员的高度重视。

在高效利用空间方面，地下建筑空间除了需要遵守地上建筑的空间设计原则之外，还需要特别注意无障碍设计、空间识别性和标识系统处理（见本书第3.4节）。

2.3.1 安全

营造安全的室内空间是建筑设计、室内设计的最基本要求。营造"安全"的地下建筑室内空间涉及很多专业,如:给排水专业、暖通专业、电气专业、材料专业、医学专业等,与建筑师和室内设计师最密切相关的主要是防火设计。

1. 防火设计

为了确保人民生命财产安全,国家制定了防火规范。从建筑设计和室内设计专业的角度而言,主要涉及耐火等级、防火分区、平面布置、安全疏散、装修材料燃烧性能等诸多内容。

1)地下建筑空间建筑设计防火要求

国家对建筑物防火设计有严格的要求,表2-4参照《建筑设计防火规范》(GB 50016—2014),梳理了与民用建筑地下空间有关的防火设计的条文要求,供参考。在设计实践中,则必须同时结合其他条文,综合考虑,以满足防火设计要求。

表2-4 《建筑设计防火规范》(GB 50016—2014)中有关民用
建筑地下空间的防火设计条款

章	节	条 文 内 容
第5章 民用建筑	建筑分类和耐火等级	地下或半地下建筑(室)的耐火等级不应低于一级
	防火分区和层数	地下或半地下建筑(室)防火分区的最大允许建筑面积500m²。设备用房的防火分区最大允许建筑面积不应大于1 000m²。 设置自动灭火系统时,该防火分区的最大允许建筑面积增加1.0倍。局部设置时,防火分区的增加面积可按该局部面积的1.0倍计算
		一、二级耐火等级建筑内的商店营业厅、展览厅设置在地下或半地下时,当设置自动灭火系统和火灾自动报警系统并采用不燃或难燃装修材料时,其每个防火分区的最大允许建筑面积不应大于2 000m²
		总建筑面积大于20 000m²的地下或半地下商店,应采用无门、窗、洞口的防火墙、耐火极限不低于2.00h的楼板分隔为多个建筑面积不大于20 000m²的区域。相邻区域确需局部连通时,应采用下沉式广场等室外开敞空间、防火隔间、避难走道、防烟楼梯间等方式进行连通,并应符合: (1)下沉式广场等室外开敞空间应能防止相邻区域的火灾蔓延和便于安全疏散,并符合规范中关于下沉式广场的相关要求。 (2)防火隔间的墙应为耐火极限不低于3.00h的防火隔墙,并符合规范中关于防火隔间的相关要求。 (3)避难走道应符合规范中关于避难走道的相关要求。 (4)防烟楼梯间的门应采用甲级防火门

续表

章	节	条 文 内 容
第5章 民用建筑	平面布置	营业厅、展览厅不应设置在地下3层及以下楼层。地下或半地下营业厅、展览厅不应经营、储存和展示甲、乙类火灾危险性物品
		托儿所、幼儿园的儿童用房，老年人活动场所和儿童游乐厅等儿童活动场所宜设置在独立的建筑内，且不应设置在地下或半地下
		医院和疗养院的住院部分不应设置在地下或半地下
		剧场、电影院、礼堂设置在地下或半地下时，宜设置在地下1层，不应设置在地下3层及以下楼层。至少应设置1个独立的安全出口和疏散楼梯
		建筑内的会议厅、多功能厅等人员密集的场所，确需布置在一、二级耐火等级建筑的地下或半地下时，宜设置在地下1层，不应设置在地下3层及以下楼层
		歌舞厅、录像厅、夜总会、卡拉OK厅（含具有卡拉OK功能的餐厅）、游艺厅（含电子游艺厅）、桑拿浴室（不包括洗浴部分）、网吧等歌舞娱乐放映游艺场所（不含剧场、电影院）不应布置在地下2层及以下楼层；确需布置在地下1层时，地下1层的地面与室外出入口地坪的高差不应大于10m；确需布置在地下时，1个厅、室的建筑面积不应大于200m²
	安全疏散和避难	除人员密集场所外，建筑面积不大于500m²、使用人数不超过30人且埋深不大于10m的地下或半地下建筑（室），当需要设置2个安全出口时，其中1个安全出口可利用直通室外的金属竖向梯。 除歌舞娱乐放映游艺场所外，防火分区建筑面积不大于200m²的地下或半地下设备间、防火分区建筑面积不大于50m²且经常停留人数不超过15人的其他地下或半地下建筑（室），可设置1个安全出口或1部疏散楼梯。 除规范另有规定外，建筑面积不大于200m²的地下或半地下设备间、建筑面积不大于50m²且经常停留人数不超过15人的其他地下或半地下房间，可设置1个疏散门
		除剧场、电影院、礼堂、体育馆外的其他公共建筑，其房间疏散门、安全出口、疏散走道和疏散楼梯的各自总净宽度，应符合： （1）地下楼层的房间疏散门、安全出口、疏散走道和疏散楼梯的各自总净宽度：当地下楼层与地面出入口地面的高差≤10m时，每100人的最小疏散净宽度不小于0.75m；当地下楼层与地面出入口地面的高差＞10m时，每100人的最小疏散净宽度不小于1.00m。地下建筑内上层楼梯的总净宽度应按该层及以下疏散人数最多一层的人数计算。 （2）地下或半地下人员密集的厅、室和歌舞娱乐放映游艺场所，其房间疏散门、安全出口、疏散走道和疏散楼梯的各自总净宽度，应根据疏散人数按每100人不小于1.00m计算确定。 （3）商店的疏散人数应按每层营业厅的建筑面积乘以如下人员密度计算，即地下第2层0.56、地下第1层0.60。对于建材商店、家具和灯饰展示建筑，其人员密度可按上述规定值的30%确定

续表

章	节	条 文 内 容
第6章 建筑构造	疏散楼梯间和疏散楼梯等	除住宅建筑套内的自用楼梯外，地下或半地下建筑（室）的疏散楼梯间应符合： （1）室内地面与室外出入口地坪高差大于10m或3层及以上的地下、半地下建筑（室），其疏散楼梯应采用防烟楼梯间；其他地下或半地下建筑（室），其疏散楼梯应采用封闭楼梯间。 （2）应在首层采用耐火极限不低于2.00h的防火隔墙与其他部位分隔并应直通室外，确需在隔墙上开门时，应采用乙级防火门。 （3）建筑的地下或半地下部分与地上部分不应共用楼梯间，确需共用楼梯间时，应在首层采用耐火极限不低于2.00h的防火隔墙和乙级防火门，将地下或半地下部分与地上部分的连通部位完全分隔，并应设置明显的标志
第7章 灭火救援设施	消防电梯	设置消防电梯的建筑的地下或半地下室：埋深大于10m且总建筑面积大于3 000m² 的其他地下或半地下建筑（室）
第8章 消防设施的设置	一般规定	建筑面积大于10 000m² 的地下建筑（室）的室内消火栓给水系统应设置消防水泵接合器
		附设在建筑内的消防水泵房，不应设置在地下3层及以下或室内地面与室外出入口地坪高差大于10m的地下楼层
		附设在建筑内的消防控制室，宜设置在建筑内首层或地下1层，并宜布置在靠外墙部位
	自动灭火系统	除规范另有规定和不宜用水保护或灭火的场所外，一类高层公共建筑（除游泳池、溜冰场外）及其地下、半地下室；二类高层公共建筑及其地下、半地下室的公共活动用房、走道、办公室和旅馆的客房、可燃物品库房、自动扶梯底部应设置自动灭火系统，并宜采用自动喷水灭火系统
		除规范另有规定和不宜用水保护或灭火的场所外，总建筑面积大于500m² 的地下或半地下商店；设置在地下或半地下的歌舞娱乐放映游艺场所（除游泳场所外）应设置自动灭火系统，并宜采用自动喷水灭火系统
	火灾自动报警系统	总建筑面积大于500m² 的地下或半地下商店应设置火灾自动报警系统
	防烟和排烟设施	地下或半地下的歌舞娱乐放映游艺场所应设置排烟设施
		地下或半地下建筑（室），当总建筑面积大于200m² 或一个房间建筑面积大于50m²，且经常有人停留或可燃物较多时，应设置排烟设施

注：上述规范还列出了下沉式广场的防火设计要求，因下沉式广场更多地具有室外公共空间的特点，限于篇幅没有在此详细介绍。

资料来源：GB50016—2014.建筑设计防火规范［S］.北京：中国计划出版社，2015

2）地下建筑空间室内设计防火要求

在满足地下建筑空间建筑设计防火要求的基础上，室内设计的防火要求主要涉及如何选择材料，即：材料的燃烧性能，表2-5即是关于装修材料的燃烧性能等级划分。

《建筑内部装修设计防火规范》（GB 50222—95）还规定：地下民用建筑（指：单层、多层、高层民用建筑的地下部分，单独建造在地下的民用建筑以及平战结合的地下人防工程）内部各部位装修材料的燃烧性能等级，不应低于表2-6的规定。

地下民用建筑的疏散走道和安全出口的门厅，其顶棚、墙面和地面的装修材料应采用A级装修材料。地下商场、地下展览厅的售货柜台、固定货架、展览台等，应采用A级装修材料。

表2-5　　　　　　　　　装修材料燃烧性能等级

等级	装修材料燃烧性能
A	不燃性
B_1	难燃性
B_2	可燃性
B_3	易燃性

资料来源：GB 50222—95.建筑内部装修设计防火规范［S］

表2-6　　　　地下民用建筑内部各部位装修材料的燃烧性能等级

建筑物及场所	装修材料燃烧性能等级						
	顶棚	墙面	地面	隔断	固定家具	装饰织物	其他装饰材料
休息室和办公室等，旅馆的客房及公共活动用房等	A	B_1	B_1	B_1	B_1	B_1	B_2
娱乐场所、旱冰场等，舞厅、展览厅等，医院的病房、医疗用房等	A	A	B_1	B_1	B_1	B_1	B_2
电影院的观众厅，商场的营业厅	A	A	A	B_1	B_1	B_1	B_2
停车库，人行通道，图书资料库、档案库	A	A	A	A	A		

资料来源：GB 50222—95.建筑内部装修设计防火规范［S］.北京：中国建筑工业出版社，1995

2. 其他

除了消防安全之外，自美国纽约发生"9·11"恐怖袭击事件以来，"防恐"成为不少国家的头等大事。与地上建筑相比，地下建筑在人员疏散方面具有弱势，因此"防恐"任务尤其重要，这对地下建筑空间室内设计也产生了不少影响。如：目前不少国家地铁车站内的废物箱都采用透明材料，甚至透明塑料袋，以防止恐怖分子将爆炸物放置在废物箱内；各类重要公共空间（包括地铁车站）的安检工作大大加强，安检设备和安检活动所需的面积也普遍增加，导致很多场所抱怨面积或进深不够。

此外，为了防止在人流特别巨大情况下可能产生的安全事故，常常需要设置隔离设施，如：在地铁车站、城市人流密集地段的地下商业娱乐空间等处，可以考虑临时或经常性地设置这类隔离措施，减少节假日或特殊情况下因人流骚动而可能造成的安全践踏事故。

2.3.2 高效

如何有效组织和使用空间是建筑设计、室内设计中的基本要求，涉及其功能分区、空间组织、人流货流组织等一系列要求，这些要求一般也都适用于地下建筑空间室内设计。

1. 功能

一般而言，任何空间（包括地下建筑空间）都是为一定的使用目的而建造的，所以，空间设计首先应该满足使用功能的需要，达到合理、方便的要求。

1) 满足人体尺度和人体活动规律

除了储藏、宗教纪念等使用功能之外，一般情况下的地下建筑空间是为人使用的，所以，建筑设计和室内设计应该符合人的尺度要求，包括静态的人体尺寸和动态的肢体活动范围等。

人在空间内的活动范围可分为三类，即：静态功能区、动态功能区和动静相兼功能区。人在各种功能区内发生相应的活动，如：静态功能区内有睡眠、休息、看书、办公等活动；动态功能区有行走、运动等活动；动静相兼功能区有交谈、等候、生产等活动。有时候，一个空间可以细分成多个功能区，如小面积住宅中的卧室，往往同时具有睡眠区、交谈区、学习区等几个区域。因此，一个好的设计必须在功能划分上满足多种要求。值得注意的是：当有多个活动区时，空间性质以空间的主要使用功能来确定，如上述的小面积住宅卧室，尽管有多个功能，但主要功能仍然是卧室，仍以满足卧室的功能为主。

2）各功能空间有机组合

人们经常按照一定的顺序或路线在各种空间中活动，这种顺序或路线往往称为流线。如何减少各种无关流线的交叉，使人流、货流高效快速通过是内部空间组织好坏的一个重要标志。图2-2是一般地铁车站的流线组成及人的相应行为分析，是站厅层、站台层空间组织的主要依据。

图2-2　一般地铁车站流线组成及人的相应行为分析

资料来源：颜隽.车站意象——地铁车站内部环境设计初探［D］.同济大学硕士学位论文，2002：32

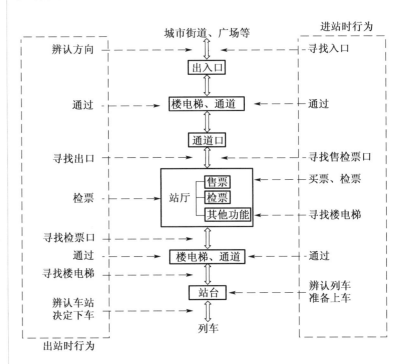

在室内空间组织中，可以对空间进行功能分区，即把功能接近、联系较为紧密的空间以直接、便捷的方式组合在一处，再把这些组合好的功能区进行再次组织，经过多次调整，最后达到一个满意的结果，即：各功能空间形成一个统一的整体，功能合理、使用方便，达到动静分区、人货分区、人车分区的要求。各功能空间之间既有联系、又有分隔。

2.无障碍

无障碍设计早期主要服务于身体有缺陷的人士（如：残

疾人），但目前，无障碍设计的服务对象已经大大扩展，涵盖：残疾人、老年人、孩童、孕妇、病人、推婴儿车者、行李负担者等。目前，世界上大约有6.5亿残疾人，占世界人口近10%。在平均人口寿命超过70岁的国家中，平均每人有8年即11.5%的生命时光是在生活不能自理中度过的。我国目前有8 300多万残疾人，涉及2.6亿家庭人口。[①]与此同时，我国不少城市已经进入老龄化社会，如：上海2006年的老龄化水平20.1%，其残疾人口与老年人口占总人口的比重为22.6%，均高于全国平均水平（分别为16.2%和13.3%）。[②]可以预计，随着我国城市老龄化程度的加剧，无障碍设计将成为提高空间使用效率的重要手段，图2-3是国家标准中的无障碍标志。

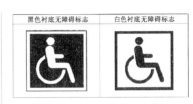

▲ 图2-3 国家标准中的无障碍标志

资料来源：GB 50763—2012.无障碍设计规范［S］.北京：中国建筑工业出版社，2012

无障碍设计涉及不同的情况，表2-7显示了一些常见的身心障碍的情况。

表2-7　　常见身体障碍的情况及其对策

种类		特　点	常见问题及解决对策
行动障碍	轮椅使用者	—	常见的问题有： （1）服务台、营业台以及公用电话等，它们的高度往往不适合乘轮椅者使用； （2）小型电梯、狭窄的出入口或走廊给乘轮椅者的使用和通行带来困难； （3）大多数旅馆没有方便乘轮椅者使用的客房； （4）影剧院和体育场馆没有乘轮椅者观看的席位； （5）很多公共场所的洗手间没有安全抓杆和轮椅专用厕位； （6）台阶、陡坡、长毛地毯、凹凸不平的地面等会给轮椅通行带来麻烦。 上述问题可以通过设计解决或缓解
	步行困难者	行走起来困难或者有危险的人，他们行走时需要依靠拐杖、平衡器或其他辅助装置。高龄老人、一时的残疾者、带假肢者都属于这一类	涉及的问题有： （1）不平坦的地面、松动的地面、光滑的地面、积水的地面、旋转门、弹簧门、窄小的走道和入口、没有安全抓杆的洗手间等。 (2)他们的攀登动作也有一定的困难，没有扶手的台阶、踏步较高的台阶、坡度较陡的坡道等也构成障碍。 上述问题可以通过设计解决或缓解

---

① 孙超、王波、张云龙、徐建闽：《基于通用设计思考的深圳市无障碍交通体系规划探索》，《城市规划学刊》2012年第3期。
② 潘海啸、邹为、赵婷、张仰斐：《上海轨道交通无障碍环境建设的再思考》，《上海城市规划》2013年第2期。

续表

种类		特 点	常见问题及解决对策
行动障碍	上肢残疾者	指一只手或两只手以及手臂功能有障碍的人。他们手的活动范围及握力小于普通人，难以承担各种精巧的动作，很难完成双手并用的动作	涉及的问题有：栏杆、门把手的形状不合适，各种设备的细微调节困难，高处的东西不好取等。上述问题可以通过设计解决或缓解
	视力残疾者	—	设计中要注意：应该设置盲道、盲文系统、语言系统。空间不能有突然的、不可预见的变化，如：柱子、墙壁上不能有不必要的突出物；地面不能有急剧的高低变化等
交换信息障碍		主要出现在听觉和语言障碍的人群中	可以用哑语、文字等手段进行信息传递。更多地依赖视觉信息，如：门铃或电话同时应设置明显的易于识别的视觉信号；警报器也应设置点灭式的视觉信号。居住空间中，听觉障碍者的枕头旁可以设置振动装置
定位障碍		出现在视觉残疾、听力残疾以及智力残疾者，或者某种辨识的障碍者中	对于视觉残疾者可以通过语言提示；对于听觉残疾和智力残疾者则较难解决

在建筑设计和室内设计中，经常遇到的无障碍设计主要有：轮椅坡道、盲道、无障碍出入口、无障碍楼梯和台阶、无障碍电梯和升降平台、无障碍厕所、扶手等内容，具体要求可以参见《无障碍设计规范》（GB 50763—2012），下面仅介绍最常见的内容。

1）轮椅的空间尺寸要求

对于残疾人来说，轮椅是一种非常重要的工具，轮椅的尺寸、特性对于无障碍设计而言具有非常重要的价值，建筑空间中的门、残疾人卫生间、电梯轿厢、走道、坡道等的尺寸都与轮椅有关。

对于轮椅而言，轮椅使用者手臂推动轮椅时需要的最小宽度是800mm，所以剧院中轮椅席的宽度为800mm，深度一般为1 100mm。两个轮椅席位的宽度约为3个观众固定座椅的宽度，图2-4为标准轮椅各部位名称及尺寸（mm），图2-5为乘轮椅者使用设施尺度参数（mm）。

1辆轮椅通行的净宽为900mm，因此，无障碍通道的宽度不应小于1 200mm，这是供1辆轮椅和1个人侧身而过的最小

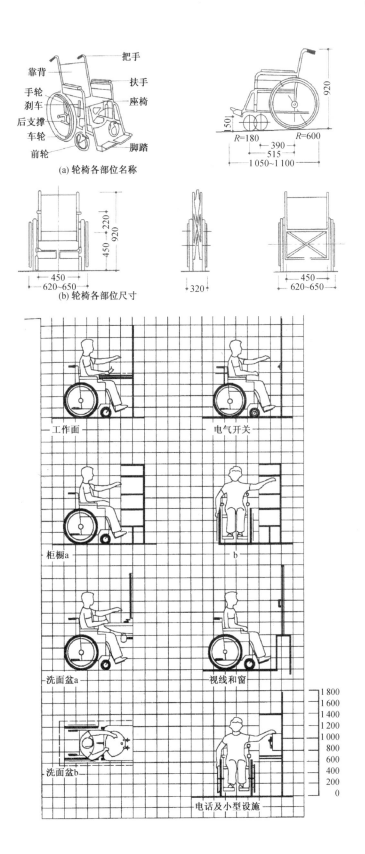

◄ 图2-4 标准轮椅各部位名称及尺
寸（mm）

资料来源：陈易，陈申源.环境空间
设计［M］.北京：中国建筑工业出
版社，2008：14

◄ 图2-5 乘轮椅者使用设施尺度参
数（mm）

资料来源：陈易，陈申源.环境空间
设计［M］.北京：中国建筑工业出
版社，2008：15

宽度。当走道宽度为1 500mm的时候，就可以满足1辆轮椅和1个人正面相互通过，还可以让轮椅能够进行180°的回转。如果要能够同时通过2辆轮椅，走廊宽度需要在1 800mm以上，这种情况下，还可以满足一辆轮椅和挂双拐者在对行时对走道宽度的最低要求。

2）轮椅坡道

台阶的高差会给残障人士的行动造成极大的障碍。为了解决这一问题，就需要设置轮椅坡道，轮椅坡道不仅适合残障人士，而且对于推婴儿车的母亲来说也十分方便。

轮椅坡道宜设计成直线形、直角形或折返形；轮椅坡道的净宽度不应小于1 000mm，无障碍出入口的轮椅坡道净宽度不应小于1 200mm；轮椅坡道的高度超过300mm且坡度大于1∶20时，应在两侧设置扶手，坡道与休息平台的扶手应保持连贯。

轮椅坡道的坡面应平整、防滑、反光小或无反光；轮椅坡道起点、终点和中间休息平台的水平长度不应小于1 500mm；轮椅坡道临空侧应设置安全阻挡措施。

关于轮椅坡道的坡度、最大高度和水平长度三者之间的关系，2012年实施的《无障碍设计规范》（GB 50763—2012）做了新的规定，不同的坡度有不同的最大高度和水平长度的限制，见表2-8。[①]

表2-8　　　　　　轮椅坡道的最大高度和水平长度

坡　　度	1∶20	1∶16	1∶12	1∶10	1∶8
最大高度/m	1.20	0.90	0.75	0.60	0.30
水平长度/m	24.00	14.40	9.00	6.00	2.40

注：其他坡度可用插入法进行计算。

资料来源：GB 50763—2012. 无障碍设计规范［S］. 北京：中国建筑工业出版社，2012：9

3）楼梯和台阶

无障碍楼梯和台阶的位置应该易于发现，光线要明亮；上行及下行的第一级踏步（台阶）宜在颜色或材质上与地面或其他踏步（台阶）有明显区别；在踏步（台阶）起点和终点250～300mm处，宜设置提示盲道，告诉视觉残疾者楼梯所在的位置和踏步的起点及终点。

如果楼梯下部能够通行的话，应该保持2 200mm的净空

---

① 中华人民共和国住房和城乡建设部，中华人民共和国质量监督检验检疫总局：《无障碍设计规范》（GB 50763—2012），中国建筑工业出版社，2012，第8～9页。

高度；高度不够的位置，应该设置安全栏杆，不让人们进入，以免产生撞头事故。

楼梯的形式以直线形最为适宜，应该避免采用弧形楼梯和旋转楼梯。此外，应采用有休息平台的楼梯，且在平台上不应设置踏步。楼梯踏步两侧需设置踏步安全挡台，以防止拐杖向侧面滑出而造成摔伤。地下建筑空间的楼梯、台阶起步处常常设有截水沟，截水沟盖板的箅子孔洞宽度不应大于15mm，以防止拐杖陷入孔洞。

公共建筑楼梯的踏步宽度不应小于280mm，踏步高度不应大于160mm；公共建筑的室内外台阶踏步宽度不宜小于300mm，踏步高度不宜大于150mm，并不应小于100mm。

踏步（台阶）的面层应采用防滑材料或在踏步（台阶）前缘设置防滑条。不应采用无踢面和直角形突缘的踏步，因为这种形式会给下肢不自由的人们或依靠辅助装置行走的人们带来麻烦，容易造成拐杖向前滑出而摔倒致伤的事故。（图2-6）

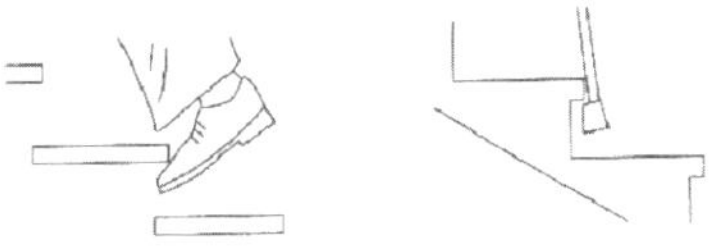

宜在楼梯两侧均做扶手；三级及三级以上的台阶应在两侧设置扶手。

4）扶手

扶手是为步行困难的人提供身体支撑的一种辅助设施，也有避免发生危险的保护作用，连续的扶手还可以起到把人们引导到目的地的作用。扶手安装的位置、高度和选用的形式是否合适，将直接影响到使用效果。

无障碍单层扶手的高度应为850～900mm，无障碍双层扶手的上层扶手高度应为850～900mm，下层扶手高度应为650～700mm；扶手应保持连贯，靠墙面的扶手的起点和终点处应水平延伸不小于300mm的长度；

扶手末端应向内拐到墙面或向下延伸不小于100mm，栏杆式扶手应向下成弧形或延伸到地面上固定。

扶手内侧与墙面的距离不小于40mm，以保证不会夹手；扶手应安装坚固，形状易于抓握。圆形扶手的直径应为35～50mm，矩形扶手的截面尺寸应为35～50mm。

扶手的材质宜选用防滑、热惰性指标好的材料。[①]

▲ 图2-6 不应采用无踢面和直角形突缘的踏步

资料来源：陈易，陈申源.环境空间设计［M］.北京：中国建筑工业出版社，2008：18

---

① 中华人民共和国住房和城乡建设部、中华人民共和国质量监督检验检疫总局：《无障碍设计规范》（GB 50763—2012），中国建筑工业出版社，2012，第12页。

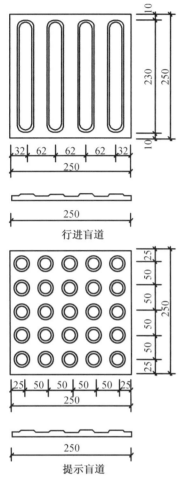

行进盲道

提示盲道

▲ 图2-7　行进盲道和提示盲道

资料来源：GB 50763—2012.无障碍
设计规范［S］.北京：中国建筑工业
出版社，2012

5）盲道

视残者往往在盲杖的辅助下沿墙壁或栏杆行走，他们的脚一般离墙根处300～350mm；在宽敞的空间中行走时，他们会用盲杖做左右扫描行动，了解地面情况，扫描的幅度约为900mm。有些情况下，视残者也通过电子仪器、红外线感应、光电感应等传感器来指导行动。

盲道是为视觉残疾者布置的设施，通过改变地面的肌理来提示视残者，盲道分为行进盲道和提示盲道（图2-7），行进盲道在起点、终点、转弯处及其他有需要处应设提示盲道，当盲道的宽度不大于300mm时，提示盲道的宽度应大于行进盲道的宽度。

当然，除此之外，盲文、触摸式的标志或符号、发声标志、强烈的色彩对比也可以为视残者提供各种帮助。

6）无障碍门

不应采用力度大的弹簧门，并不宜采用弹簧门、玻璃门；当采用玻璃门时，应有醒目的提示标志；宜与周围墙面有一定的色彩反差，方便识别。

自动门开启后通行净宽度不应小于1 000mm；平开门、推拉门、折叠门开启后的通行净宽度不应小于800mm，有条件时，不宜小于900mm；在门扇内外应留有直径不小于1 500mm的轮椅回转空间。

无障碍通道上的门扇应便于开关；在单扇平开门、推拉门、折叠门的门把手一侧的墙面，应设宽度不小于400mm的墙面；平开门、推拉门、折叠门的门扇应设距地900mm的把手，宜设视线观察玻璃，并宜在距地350mm范围内安装护门板。

门槛高度及门内外地面高差不应大于15mm，并以斜面过渡。[1]

2.4　舒适愉悦

地下空间往往容易给人闭塞、沉闷、压抑的心理感觉，不利人们的生理和心理健康。为了改变这种状况，设计人员

[1]　中华人民共和国住房和城乡建设部，中华人民共和国质量监督检验检疫总局：《无障碍设计规范》（GB 50763—2012），中国建筑工业出版社，2012，第10页。

在地下建筑空间的舒适性和愉悦性方面下了不少功夫，取得了很大的进展。

2.4.1 舒适

营造舒适的地下建筑空间主要涉及良好的地下空间物理环境，主要包括：光环境、空气环境、声环境、嗅觉环境和触觉环境，其中光环境和空气环境尤其具有重要意义。

1. 光环境

光环境设计既涉及物理内容，也涉及心理内容。这里仅从建筑设计和室内设计的角度出发，介绍其技术性能方面的内容，如：光源选择、光源颜色、照度对比、照明标准、眩光控制等相关内容，与艺术效果相关的内容将在本书第3.5节中介绍。在实际工程设计中，需要与电气工程师和照明设计工程师密切配合，确定理想的光环境设计方案。

1）光源选择

光源选择应综合考虑光色、节能、寿命、价格、启动时间等因素，常用的光源有白炽灯、荧光灯、高强气体放电灯、发光二级管、光纤、激光灯等。

白炽灯是将灯丝加热到白炽的温度，利用热辐射而辐射出可见光的光源，常见的白炽灯有：普通照明用白炽灯、反射型白炽灯、卤钨灯等。考虑到节能的要求，目前已经严格控制使用白炽灯，仅使用于一些装饰要求很高的场所。

荧光灯是一种利用低压汞蒸气放电产生的紫外线，通过涂敷在玻管内壁的荧光粉转换成为可见光的低压气体放电光源。荧光灯具有发光效率高、灯管表面亮度及温度低、光色好、品种多、寿命长等优点。荧光灯的主要类型有直管型、紧凑型、环形荧光灯等3大类。

高强气体放电灯（HID灯）的外观特点是在灯泡内装有一个石英或半透明的陶瓷电弧管，内充有各种化合物。常用的HID灯主要有荧光高压汞灯、高压钠灯和金卤灯3种。HID灯发光原理同荧光灯，只是构造不同，内管的工作气压远高于荧光灯。HID灯的最大优点是光效高、寿命长，但总体来看，有启动时间长（不能瞬间启动）、不可调光、点灯位置受限制、对电压波动敏感等缺点，因此，多用作一般照明。

发光二级管（LED）具有省电、超长寿命、体积小、工作电压低、抗震耐冲击、光色选择多等诸多优点，被认为是继白炽灯、荧光灯、HID灯之后的第四代光源。目前已经普遍用于普通照明、装饰照明、标志和指示牌照明。

光纤照明是利用全反射原理，通过光纤将光源发生器所发出的光线传送到需照明的部位进行照明的一种新的照明技术。光纤照明的特点一是装饰性强，可变色、可调光，是动态照明的理想照明设施；二是安全性好，光纤本身不带电，不怕水、不易破损，体积小，柔软、可挠性好；三是光纤所发出的光不含红外/紫外线，无热量；四是维护方便，使用寿命长，由于发光体远离光源发生器，发生器可安装在维修方便的位置，检修起来很方便。光纤的缺点是传光效率较低，光纤表面亮度低，不适合要求高照度的场所，使用时须布置暗背景方可衬托出照明效果；同时价格昂贵影响推广。

激光是通过激光器所发出的光束，激光束具有亮度极高、单色性好、方向性好等特点，利用多彩的激光束可组成各种变幻的图案，是一种较理想的动态照明手段。多用于商业建筑的标志照明、橱窗展示照明和大型商业公共空间的表演场中，可有效地渲染商业气氛。

2）光源色温

光源的色温是选择光源时需要考虑的重要内容，不同的色温能形成不同的空间氛围，适用于不同的场合，如表2-9所列。

表2-9　　　　　　　　　　光源色表特征及适用场所

色表特征	相关色温/K	适用场所
暖	<3 300	客房、卧室、病房、酒吧、餐厅
中间	3 300 ~ 5 300	办公室、教室、阅览室、商场、诊室、检验室、实验室、控制室、机加工车间、仪表装配
冷	>5 300	热加工车间、高照度场所

资料来源：GB 50034—2013. 建筑照明设计标准［S］. 北京：中国建筑工业出版社，2014

3）照明方式

一般情况下，室内空间中既有一般照明，又有局部照明，二者配合使用可以获得较好的空间氛围和节能效果、当然，从安全角度出发，还应设置安全照明。

同时，为了避免照度对比太强而引起人眼的不舒服，工作面照度与作业面邻近区域的照度值不宜相差太大。表2-10介绍了工作面照度与作业面邻近周围照度值的关系。

此外，还需要考虑避免眩光。对于直接型灯具（灯具可以分为直接型灯具、半直接型灯具、漫射型灯具、半间接型灯具、间接型灯具,见本书第3.5节)而言,在选择灯具时应控制其遮光角,如表2-11所列。同时,内部空间的表面装饰材料应尽量选用亚光或者毛面的材料,不宜选用表面过于光滑的材料,以避免产生反射眩光。

表2-10　　　　　作业面及作业面邻近周围照度

作业面照度/lx	作业面邻近周围照度/lx
≥750	500
500	300
300	200
≤200	与作业面照度相同

注:作业面邻近周围指作业面外宽度不小于0.5m的区域。

资料来源:GB 50034—2013.建筑照明设计标准[S].北京:中国建筑工业出版社,2014

表2-11　　　　　　　直接型灯具的遮光角

光源平均亮度/ $(kcd \cdot m^{-2})$	遮光角/(°)	光源平均亮度/ $(kcd \cdot m^{-2})$	遮光角/(°)
1 ~ 20	10	50 ~ 500	20
20 ~ 50	15	≥500	30

资料来源:GB 50034—2013.建筑照明设计标准[S].北京:中国建筑工业出版社,2014

4)照明标准

照明标准是进行照明设计的重要依据。不同功能的空间,有不同的照明设计标准,表2-12选取了地下建筑空间中最常见的商业空间和展览空间的照明标准,以供参考。

表2-12　　　　　商业和展厅的照明标准值

	房间或场所	参考平面及其高度	照度标准值/lx	UGR	U_0	R_a
商业建筑	一般商业营业厅	0.75m 水平面	300	22	0.60	80
	高档商业营业厅	0.75m 水平面	500	22	0.60	80
	一般超市营业厅	0.75m 水平面	300	22	0.60	80
	高档超市营业厅	0.75m 水平面	500	22	0.60	80
	收款台	台面	500	—	0.60	80
会展建筑	一般展厅	地面	200	22	0.60	80
	高档展厅	地面	300	22	0.60	80

注:收款台的照度标准指混合照明照度。

资料来源:GB 50034—2013.建筑照明设计标准[S].北京:中国建筑工业出版社,2014

对于地铁车站的照明标准，《建筑照明设计标准》（GB 50034—2013）要求：普通站厅地面为100lx，高档站厅地面为200lx；普通进出站门厅地面为150lx，高档进出站门厅为200lx。同时，《城市轨道交通照明》（GB/T 16275—2008）则要求：地下站厅的地面照度为200lx，地下站台的地面照度为150lx，各出入口、通道、楼梯和自动扶梯处的地面照度为150lx。

2. 空气环境

地下建筑空间的空气环境质量涉及很多内容，如：温湿度、空气流速、新风量、各类有害物质的含量等，其中不少指标直接影响人体健康和舒适度，必须在设计中严格执行。自2003年3月1日起执行的《室内空气质量标准》（GB/T 18883—2002）中，对住宅和办公建筑的室内空气质量提出了明确的要求，要求达到无毒、无害、无异常嗅味，具体要求见表2-13。其他类型的建筑则可参照执行。

表2-13　　　　　　　　　室内空气质量标准

序号	参数类别	参数	单位	标准值	备注
1	物理性	温度	℃	22 ~ 28	夏季空调
				16 ~ 24	冬季采暖
2		相对湿度		40% ~ 80%	夏季空调
				30% ~ 60%	冬季采暖
3		空气流速	m/s	0.3	夏季空调
				0.2	冬季采暖
4		新风量	$m^3/(h \cdot 人)$	30[1]	
5	化学性	二氧化硫SO_2	mg/m^3	0.50	1h均值
6		二氧化氮NO_2	mg/m^3	0.24	1h均值
7		一氧化碳CO	mg/m^3	10	1h均值
8		二氧化碳CO_2		0.10%	日平均值
9		氨NH_3	mg/m^3	0.20	1h均值
10		臭氧O_3	mg/m^3	0.16	1h均值
11		甲醛HCHO	mg/m^3	0.10	1h均值
12		苯C_6H_6	mg/m^3	0.11	1h均值
13		甲苯C_7H_8	mg/m^3	0.20	1h均值
14		二甲苯C_8H_{10}	mg/m^3	0.20	1h均值
15		苯并［a］芘BaP	mg/m^3	1.0	日平均值

续表

序号	参数类别	参数	单位	标准值	备注
16	化学性	可吸入颗粒物PM10	mg/m³	0.15	日平均值
17		总挥发性有机物TVOC	mg/m³	0.60	8h均值
18	生物性	菌落总数	cfu/m³	2500	依据仪器定②
19	放射性	氡²²²Rn	Bq/m³	400	年平均值（行动水平）③

注：①新风量要求≥标准值，除温度、相对湿度外的其他参数要求≤标准值。
②见该规范中的附录D。
③达到此水平建议采取干预行动以降低室内氡浓度。
资料来源：GB/T 18883—2002.室内空气质量标准［S］.北京：中国标准出版社，2005

表2-13中的各项指标，其物理性参数主要与空调设计有关，化学性参数和生物性参数则与材料、人体活动、炊事活动等因素有关。

至于地下建筑空间中的氡，主要来源于地基、周围土壤、建筑材料（如：混凝土、花岗岩等）和室外空气。以北京地区为例，室内氡约有56.3%来自地基岩土，20.5%来自建筑材料，20.5%来自室外空气，不到3%来自燃料和用水。①氡对于人体有较大的危害。可以通过加大通风量降低其对人体的伤害，一般认为：通风量加大一倍，大约可使氡气浓度降低50%，使氡子体浓度减少75%。②

3. 声环境、嗅觉环境和触觉环境

地下建筑空间的声环境、嗅觉环境和触觉环境对营造舒适的内部环境也有很大的影响。需要设计师充分重视，协调各方面的因素，为人们创造良好的环境。

1）声环境

建筑声学是一项很专业的知识，必要时需要专业声学工程师配合进行专项设计。在一般的建筑设计和室内设计中，声环境设计主要包括：降低噪声和保持适当的混响时间。此外，在公共场所还需要适当布置电声设备，以供播放音乐和紧急疏散时使用。在地下建筑空间中，有时也会故意使用一些自然界的声音，如：水流声、鸟鸣声等，配合自然景观，

① 童林旭：《地下建筑学》，中国建筑工业出版社，2012，第502页。
② 童林旭：《地下建筑学》，中国建筑工业出版社，2012，第503页。

营造富有自然气息的环境，满足人们向往自然的心理需求。表2-14为形成良好声环境的主要对策。

表2-14　　营造地下空间声学环境对策

原　因	主　要　对　策
减少噪声	地下建筑空间埋于地下，可以有效屏蔽来自地面的噪声，因此地下建筑空间的噪声主要来自于内部，如：机器设备的噪声、车辆运行的噪声、人流活动产生的噪声、各类工作产生的噪声等	（1）可以采取一些隔绝措施，降低噪声对人们的影响。如：目前国内新建地铁车站普遍采用了屏蔽门，既有助于节能、安全，同时也有助于降低车辆运行噪声对人们的影响。 （2）可以将产生噪声的房间，如设备房等集中布置，对其采取隔音措施和吸音措施，降低对其他功能区域的影响。 （3）可以通过选用优质设备降低噪声的产生
适当的混响时间	由于地下建筑空间的结构特征和消防要求，一般硬质材料较多，因此，容易引起声音的多次放射，导致混响时间增长，不利于形成良好的声学环境	在满足消防要求的前提下，布置一些吸声材料，使混响时间保持在合适的范围内。对于有特殊声学要求的房间（如：地下剧院、地下音乐厅等），则需要与专业的声学工程师配合进行声学专项设计

2）嗅觉环境

为了保持室内良好的嗅觉环境，首先要解决通风问题。清新的空气能使人感到心旷神怡，新风不足的房间会影响人的身心健康，产生不良后果。

在有些场合下，还需要考虑气味对人们的影响。心理学家对各种花卉的香味进行了分类研究，发现各种气味会使人产生各种不同的感觉。如在驾驶室内放上一瓶柠檬香水，常常能使人精神倍增。

此外，影响室内嗅觉环境的另一个重要因素是室内的各种不良气体，例如：厨房内的油烟、因不完全燃烧产生的一氧化碳、装饰材料的气味、人体呼出的二氧化碳及自身产生的味道等都不利于人体健康，因此，保持良好的嗅觉环境十分重要。表2-15显示了地铁车站设备及管理用房的空气计算温度、相对湿度与换气次数要求，可供设计人员参考。

3）触觉环境

在室内空间中如何处理好触觉环境也是需要考虑的问题。一般情况下，人们偏爱质感柔和的材料，以获得一种温暖感，因此在家庭室内环境中，常常使用木、藤、竹等天然

表2-15　地下车站内设备与管理用房空气计算温度、相对湿度与换气次数

房　间　名　称	冬季	夏季		小时换气次数	
	计算温度/℃	计算温度/℃	相对湿度	进风	排风
站长室、站务室、值班室、休息室	18	27	<65%	6	6
车站控制室、广播室、控制室	18	27	40%~60%	6	5
售票室、票务室	18	27	40%~60%	6	5
车票分类/编码室、自动售检票机房	16	27	40%~60%	6	6
通信设备室、通信电源室、信号设备室、信号电源室、综合监控设备室	16	27	40%~60%	6	5
降压变电所、牵引降压混合变电所	—	36	—	按排除余热计算风量	
配电室、机械室	16	36		4	4
更衣室、修理间、清扫员室	16	27	<65%	6	6
公共安全室、会议交接班室	16	27	<65%	6	6
蓄电池室	16	30	—	6	6
茶水室	—	—	—		10
盥洗室、车站用品间	—	—	—	4	4
清扫工具室、气瓶室、储藏室	—	—	—		4
污水泵房、废水泵房、消防泵房	5				4
通风与空调机房、冷冻机房	—	—	—	6	6
折返线维修用房	12	30	—	—	6
厕所	>5	—	—	—	排风

注：1. 厕所排风量每坑位按100m³/h计算，且小时换气次数不宜少于10次。
　　2. 小时换气次数指通风工况下房间的最少换气次数。

资料来源：GB 50157—2013.地铁设计规范［S］.北京：中国建筑工业出版社，2014

材料。在地下建筑空间中，考虑到安全要求，一般使用具有不燃或难燃性能的人工材料，触感偏冷。因此，在符合安全要求的前提下，尽量选择触感较为柔软、较为温馨的材料、仿天然纹理的材料，以满足人们的触觉舒适感。

2.4.2 愉悦

地下建筑空间的愉悦性主要牵涉建筑美学、建筑风格特征等方面的内容，往往属于形式美的范畴。尽管地域、文化及民族习惯不同，但大部分学者都承认：多样而又统一是形式美的准则。

多样统一，可以理解成在统一中求变化，在变化中求统一。一件设计作品一般都具有若干个不同的组成部分，它们之间既有区别，又有内在的联系，只有把这些部分按照一定的规律有机地组合成为一个整体，才能达到理想的效果。这时，就各部分的差别，可以看出多样性的变化；就各部分之间的联系，可以看出和谐与秩序。既有变化、又有秩序就是设计作品的必备原则，地下建筑空间室内设计中也是如此。

多样统一是形式美的准则，具体说来，又可以分解成以下几个方面，即：均衡与稳定，韵律与节奏，对比与微差，重点与一般。

1. 均衡与稳定

物体要保持稳定的状态，就必须遵循一定的原则，在传统概念中，上轻下重、上小下大就是稳定效果的常见形式，本书第1章中介绍的金字塔就是典型的非常稳定的形体（图1-22）。

均衡一般是指空间中各要素左与右、前与后之间的关系。均衡常常可以通过完全对称、基本对称以及动态均衡的方法来取得。

对称是极易达到均衡的一种方式，由于其形成了以轴线为主的布局方式，所以同时还能取得端庄严肃的空间效果，图2-8就是对称的地铁车站剖面，使人感到稳定均衡。

然而在功能日趋复杂的情况下，很难达到沿中轴线完全对称的关系。为了解决这一问题，不少设计师采用了基本对称的方法，即：既使人们感到轴线的存在，但轴线两侧的处理手法并不完全相同，这种方法往往显得比较灵活，如图2-9就是一例。

更多的是采用动态均衡的手法，由于人们对空间的观赏不是固定在某一点上，而是在连续运动的过程中观察空间、形体和轮廓线的变化，因此可以在设计中通过左右、前后等方面的综合思考以达到均衡，这种均衡往往能取得活泼自由

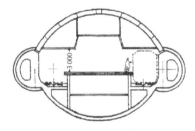

▲ 图2-8 完全对称的地铁车站剖面

资料来源：《建筑设计资料集》编委会.建筑设计资料集6［M］.2版.北京：中国建筑工业出版社，1994：93

▲ 图2-9 基本对称的地铁车站

资料来源：《建筑设计资料集》编委会.建筑设计资料集6［M］.2版.北京：中国建筑工业出版社，1994：95

的效果。图2-10是贝聿铭（I. M. Pei）先生设计的美国国家美术馆东馆（East Building, National Gallery of Art），设计作品运用动态均衡的理念，地上地下空间互相贯通，中庭空间达到了步移景异的效果。

2. 韵律与节奏

自然界中的许多事物，往往呈现有秩序的重复或变化，造成一种韵律和节奏感，激发起人们的美感。在室内设计中，韵律的表现形式很多，比较常见的有重复韵律、渐变韵律、起伏韵律，它们分别能产生不同的节奏感。

重复韵律一般以一种或几种要素连续重复排列，各要素之间保持恒定的关系，能形成规整整齐的强烈印象。图2-11的天花就是重复韵律的典例。

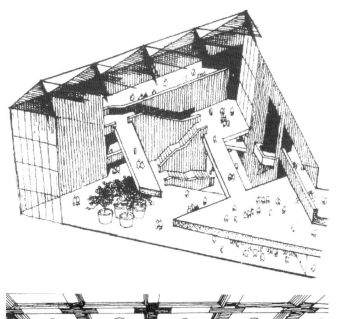

◀ 图2-10 动态均衡的室内空间

资料来源：彭一刚.建筑空间组合论［M］.北京：中国建筑工业出版社，1983：229

◀ 图2-11 具有连续韵律的灯具布置

资料来源：张绮曼，郑曙旸.室内设计资料集［M］.北京：中国建筑工业出版社，1991：252

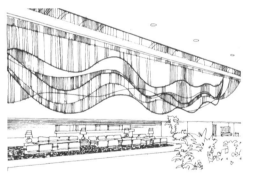

如果把连续重复的要素按照一定的秩序或规律逐渐变化，如逐渐加长或缩短、变宽或变窄、增大或减小，就能产生出一种渐变的韵律，渐变韵律往往能给人一种循序渐进的感觉或进而产生一定的空间导向性。图2-12所示，中庭一侧的楼层逐渐向内后退，形成了独特的空间效果，具有强烈的趣味感。

如果韵律按一定的规律时而增加，时而减小，有如波浪起伏或者具有不规则的节奏感时，就形成起伏韵律，这种韵律常常比较活泼而富有运动感。图2-13就是某空间顶部的灯饰，波浪形的曲线形成高低起伏的韵律感。

3. 对比与微差

对比指的是要素之间的差异比较显著，微差则指的是要素之间的差异比较微小，当然，这二者之间的界线有时也很难确定。在室内设计中，对比与微差是十分常用的手法，二者缺一不可。对比可以借彼此之间的差异来突出各自的特点以求得变化；微差则可以借相互之间的共同性而求得和谐。没有对比，会使人感到单调，但过分强调对比，也可能因失去协调而造成混乱，只有把二者巧妙地结合起来，才能达到既有变化又有和谐。

对比与微差可以运用在各种场合，大与小、直与曲、虚与实、不同形状、不同色调、不同质地……都可以形成对比与微差。图2-14的室内空间中，顶部设置了巨大的圆形采光井，设计者通过明暗对比、形状对比突出了重点。

在设计中，常常可以通过利用同一几何母题形成微差变化。图2-15的加拿大多伦多汤姆

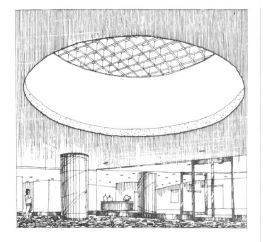

◀ 图2-14　具有对比效果的顶部设计

资料来源：张绮曼，郑曙旸.室内设计资料集［M］.北京：中国建筑工业出版社，1991：211

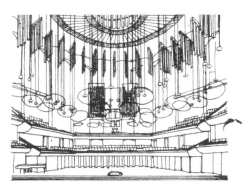

◀ 图2-15　运用相同母题的音乐厅室内空间

资料来源：陈易，陈申源.环境空间设计［M］.北京：中国建筑工业出版社，2008：42

逊音乐厅（Roy Thomson Hall）设计中就运用了大量的圆形母题，虽然在演奏厅上部设置了调节音质的各色吊挂，它们之间的大小并不相同，但相同的母题，使整个室内空间保持了统一。

4. 重点与一般

各种设计中的主题与副题、主角与配角、主体与背景的关系就是重点与一般的关系。在室内设计中，重点与一般的关系非常普遍，经常运用轴线、体量、对称等手法而达到主次分明的效果。只有主次分明的设计才能突出重点，吸引人们的注意力。图2-12中的中庭内，就布置了一个体量巨大的金属雕塑，使之成该中庭空间的重点所在。

"趣味中心"是形成空间重点的一种方式。趣味中心的体量有时并不一定很大，但位置往往十分重要，可以起到点明主题、统帅全局的作用。能够成为"趣味中心"的物体一般都具备新奇刺激、形象突出、具有动感、恰当含义的特

▲ 图2-16　夸大了尺度的手套成为视觉焦点

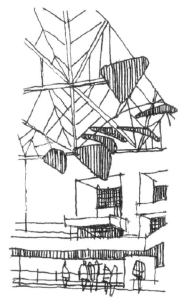

▲ 图2-17　美国国家美术馆东馆内的抽象活动雕塑

征。图2-16是将一巨型手套作为重点装饰，突出其夸张的尺度，吸引人们的视线。

运动亦是一种容易影响视觉注意力的现象，运动能使人眼作出较为敏捷的反应。很多艺术家们巧妙地把握住了人眼的这一特点，创造出很多具有动感的艺术品，取得了很好的效果。随着技术的进步，人们终于创造出真正能够活动的动态雕塑，赢得了观众的极大兴趣，美国国家美术馆东馆内的抽象活动雕塑就是一例，如图2-17所示。

2.5　形象独特

地下建筑空间不但需要有令人愉悦的空间效果，而且还需要具备相应的风格特征。特别是一些大型公共建筑的地下空间，或者一些大型交通枢纽的地下空间，它们往往会吸引很多人流，有时甚至会成为城市的名片，因此需要具有独特的形象。与地上建筑相比，地下建筑空间一般没有外立面，其形象特征主要体现在内部空间。

建筑空间的独特形象来自于很多方面，常常可以通过以下几个方面加以表达：

2.5.1　独特的构思

设计师独特的构思有助于形成地下建筑空间的独特形象。尽管多样而又统一的形式美原则能够为设计师们提供比较全面的文法，可以使设计师的作品少犯错误或不犯错误，塑造出令人愉悦的空间视觉效果。然而，一项真正优秀的设计作品还离不开设计者的构思与创意。只有有了独特的设计意图，加之成熟的设计技巧，才能感染大众，达到"寓情于物"的标准。才能通过艺术形象而唤起人们的思想共鸣，进入情景交融的艺术境界，创造出真正具有艺术感染力的作品。

图2-18—图2-20是柯布西耶设计的朗香教堂（The Pilgrimage Chapel of Notre Dame du Haut at Ron-champ），其独特的外部造型和内部空间既十分符合宗教气氛，又具有独特的空间氛围，成为一件举世公认的20世纪最伟大的设计作品之一。

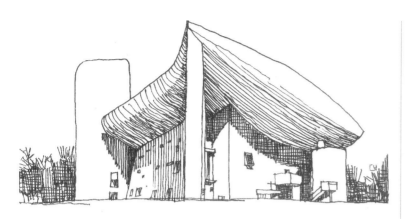

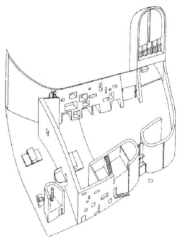

图2-18 柯布西耶设计的朗香教堂外观

2.5.2 场所精神

场所理论是建筑学领域的重要理论，其代表人物是诺伯尔·舒尔茨（Christian Norberg-Schulz，1926—2000年）。场所理论注重空间与人的需要，空间与文化、历史、社会和自然等条件的联系，它不仅仅关注空间与形体、空间与美学之间的关系，而且同时关注社会文化价值、人们在空间环境中的体验。按照场所理论的观点："空间"一般是指由构件和界面围合而成的供人们活动、生活、工作的空的部分；当空间从社会文化、历史事件、人的活动及地域特定条件中获得文脉意义时才可以称为"场所（place）"。每一场所都是独特的，具有自身的特征，这种特征既包括各种物质属性，也包括较难触知体验的文化联系和人类在漫长时间跨度内因使用它而使之具有的某种环境氛围。

按照场所理论，设计师的主要任务就是发现"场所精神"（spirit of place），也就是场所的特性和意义，然后创造具有场所感的空间。如：贝聿铭设计的北京香山饭店和苏州博物馆新馆都可以看作是从文化层面探索场所精神的佳作，如图2-21—图2-24所示。

图2-19 朗香教堂内景轴测

资料来源：[英]埃德温·希思科特，艾奥娜·斯潘丝.教堂建筑［M］.瞿晓高译.大连：大连理工大学出版社，2003：47

图2-20 朗香教堂内景细部

资料来源：史春珊，许力戈，时天光，史丽秀.室内建筑师手册［M］.哈尔滨：黑龙江科学技术出版社，1998：276

图2-21 北京香山饭店外观

资料来源：陈易，陈申源.环境空间设计［M］.北京：中国建筑工业出版社，2008：55

▲ 图2-22　北京香山饭店内景

资料来源：陈易，陈申源.环境空间设计［M］.北京：中国建筑工业出版社，2008：55

图2-25和图2-26则是一幢掩土住宅。设计师充分考虑了当地的自然条件，将住宅与自然地形紧密结合，不但减少了风力对住宅的影响，而且获得了冬暖夏凉的效果，实现了人与自然的和谐共处，从自然条件层面探索体现了场所精神。

▲ 图2-23　苏州博物馆新馆体现了设计师对 "中而新"、"苏而新" 意境的追求

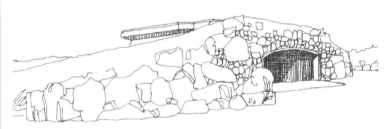

▲ 图2-25　掩土住宅的外观

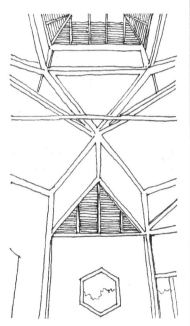

▲ 图2-24　苏州博物馆新馆内景

图2-26　掩土住宅的内院 ▶

2.5.3 CI设计

CI，也称CIS，是英文Corporate Identity System的缩写，一般译为"企业视觉形象识别系统"。CI设计是有关企业视觉形象识别的设计，包括企业名称、标志、标准字体、色彩、象征图案、标语、吉祥物等方面的设计。目前CI设计不仅在企业界有很大的影响，而且在建筑界也具有一定的影响力。

1. VI设计简介

CI系统是由理念识别（Mind Identity，简称MI）、行为识别（Behavior Identity，简称BI）和视觉识别（Visual Identity，简称VI）三方面内容构成。实施CI战略就是要使MI，BI，VI三要素保持高度的一致，通过完整的系统运作，创造性地使企业的经营理念和企业个性在全方位的传播过程中引起社会公众的关注，使广大消费者对企业产生认同感，以及对公司的产品产生信赖感。

对于设计人员而言，视觉识别系统VI是CI的基础内容，是实施CI的中心环节和重点所在，因为有了视觉系统，才能及时、鲜明地向社会传达企业经营的信息，使公众在视觉上产生强烈刺激，最终树立起企业的形象。

VI设计的核心内容常常包括：企业名称、企业标志、企业标准字、标准色彩、象征图案、组合应用和企业标语口号等；其外围内容包括：办公用品、企业外部建筑环境、企业内部建筑环境、交通工具、服装服饰、广告媒体、产品包装、赠送礼品、陈列展示、印刷出版物等。

对于建筑师和室内设计师而言，可能更关注VI的外围内容——"企业外部建筑环境"和"企业内部建筑环境"。企业外部建筑环境是企业形象在公共场合的视觉再现，是一种公开化、有特色的群体设计和标志着企业面貌特征的系统，主要包括：建筑造型、旗帜、门面、招牌、公共识别标牌、路标指示牌、广告塔等；企业内部建筑环境是指企业的办公室、销售厅、会议室、休息室、生产房的内部环境形象，设计时可把企业识别标志贯彻于企业室内环境之中，从根本上塑造、渲染、传播企业识别形象，并充分体现企业形象的统一性，主要包括：企业内部各部门标示、企业形象牌、吊旗、吊牌、POP广告、货架标牌等。[①]

---

① 百科名片，CI设计，2013-08-24，http://baike.baidu.com/view/760226.htm。

2.地下建筑空间与VI设计

VI设计在建筑空间中的影响正在逐渐增大，在不少案例中，设计人员都开始借鉴VI的一些设计理念。在地下建筑空间室内设计中，VI对于形成独特的地下空间形象具有重要作用。例如，20世纪30年代，英国伦敦地铁曾邀请一批著名的设计师对车站站牌、车票、系列海报等进行统一设计，尽可能以统一的形式规范各种独立的项目，加深了市民的印象，形成良好的视觉效果。[①]

如今，在世界各地的地铁系统中，VI设计随处可见。统一的地铁车站标志、统一的标识系统、每条线路的识别色，等等，特别是每条地铁线路（有时也称为轨道交通线路）的识别色（标志色）不但运用在车厢内，而且还常常运用在车站出入口、车站站厅层、车站站台层的室内设计中。总之，优秀的VI设计不但具有实际功能，而且有助于强化地下空间的识别性，不失为塑造独特形象的方式之一。

---

① 百科名片，CI设计，2013-08-24，http://baike.baidu.com/view/760226.htm。

3 地下建筑空间室内设计方法

室内设计可以理解为：运用一定的物质技术手段与经济能力，根据对象所处的特定环境，对内部空间进行创造与组织，形成安全、卫生、舒适、优美、生态的内部环境，满足人们的物质功能需要与精神功能需要。室内设计的主要工作内容包括：空间限定和空间组织，界面（顶面、侧面、底面）处理，光环境设计，内含物（家具、织物、陈设、绿化）的选择和布置，标识系统的选用和布置等。

地下建筑空间室内设计主要针对：建筑物中供人们日常使用的地下室、半地下室，坡地建筑中的吊层，为了某种用途而修建的地下空间，如：地下交通换乘设施、地铁车站等。地下建筑空间室内设计既要遵守地上建筑室内设计的原理与方法，又要遵循其自身的特点。

3.1 空间限定与空间组织

在大自然中，空间是无限的，但就地下建筑空间室内设计而言，原空间往往已经存在。设计师需要做的就是对空间进行再次限定，涉及空间形态、空间比例、空间限定方法、空间限定度、空间组织等方面的内容。

3.1.1 空间形态与比例

较之地上建筑空间，地下建筑空间的形态往往更多地受到工程技术的影响，我国现存的窑洞、石窟等空间形态就与受力方式具有很大的关系，图3-1是西北地区窑洞的内部空间，拱形的空间形态具有良好的抗压性能，有利于承受上部覆土的压力。尽管现代工程技术的发展为地下建筑空间开发创造了宽松的条件，但其空间形态仍然受制于工程技术。图3-2是常见的椭圆形剖面的欧洲地铁车站，其空间形态主要受到受力特征和施工工艺的影响。图3-3是上海地铁

▲ 图3-1　中国西北地区窑洞内部空间

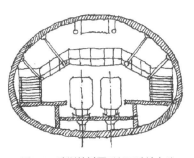

▲ 图3-2　欧洲的椭圆形剖面地铁车站

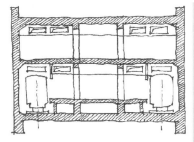

▲ 图3-3 上海地铁车站的标准剖面

车站的标准剖面，这种双层（站厅层、站台层）三跨的空间形式也是综合考虑了土质特点、受力性能、埋深情况、施工工艺、投资造价等因素后决定的。

不同的空间形态可以形成不同的心理感受，尽管内部空间的形态多种多样，但较为典型的可以归纳为正向空间、斜向空间、曲面空间和自由空间这几类，它们各自都能给人以相应的心理感受（表3-1）。

表3-1　　　　　　室内空间形态及其心理感受

室内空间形态							
空间形态	正　向　空　间				斜向空间		曲面及自由空间
心理感受	稳定规整	稳定有方向感	高耸神秘	低矮亲切	超稳定庄重	动态变化	和谐完整	活泼自由
	略呆板	略呆板	不亲切	压抑感	拘谨	不规整	无方向感	不完整

资料来源：来增祥，陆震纬.室内设计原理（上）［M］.北京：中国建筑工业出版社，2003：198

尽管空间形态受各种因素的影响，但一般情况下主要取决于功能，例如，地铁车站的站台层总是在长度方向远远大于宽度和高度，这就是地铁车辆停靠的功能需要。当然，在不影响功能的前提下，可以根据空间效果需要，调整宽度、长度、高度的关系，以形成特定的效果。表3-2即表示了空间宽度D与高度H之间的比例关系变化及其所造成的心理感受。

表3-2　　　　　　空间的不同比例及其心理感受

常见型	$H/D=1$	空间具有一定的向心感，是较为常见、规整的空间感受
舒展型	$H/D \leqslant 1$	空间宽度大于空间的高度，容易形成舒展、开阔的空间感受
高耸型	$H/D \geqslant 1$	空间高度大于空间的宽度，容易形成高耸的空间感受

3.1.2　空间限定与限定度

在空间设计中，常常把被限定前的空间称之为原空间，把用于限定空间的构件等物质元素称之为限定元素，在原空间中利用限定元素限定出另一个空间称之为空间限定。

1. 限定方式

空间限定的方式大致有以下几种：设立、围合、下凹、凸起、架设、覆盖、限定元素的变化（材料、色彩、肌理、亮度等的改变）。

设立是把限定元素设置于原空间中，而在该元素周围限定出一个新的空间的方式。该限定元素的周围常常可以形成一种环形空间，限定元素本身则经常成为吸引人们视线的焦点。一组家具、一组雕塑品或陈设品等都可以成为这种限定元素。图3-4为香港美孚车站站厅，沿墙排列了一排售票机，每个售票机前面就形成了一个空间。

围合是最典型的空间限定方法，在室内设计中用于围合的限定元素很多，常用的有隔断、隔墙、布帘、家具、绿化等。由于这些限定元素在位置、质感、透明度、高低、疏密等方面的不同，导致其所形成的空间限定度也各有差异，相应的空间感觉亦不尽相同。表3-3就描绘了不同位置和不同数量的围合限定元素所形成的空间感受。

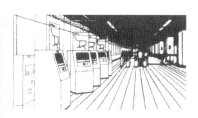

▲ 图3-4　售票机前限定了一个空间

资料来源：《建筑设计资料集》编委会.建筑设计资料集（第二版）6［M］.北京：中国建筑工业出版社，1994：98

表3-3	不同垂直面所形成的围合感
1个垂直面	在面向垂直面时，人的行动和视线感到一定的限定；当人们背朝垂直面时，有一定的依靠感觉
2个相交的垂直面	有一定的限定度与围合感
2个相向的垂直面	在面朝垂直面时，有一定的限定感。若垂直面具有较长的连续性时，则能提高限定度，空间亦易产生流动感，产生类似于室外空间中的街道感觉
3个垂直面	常常形成一种袋形空间，限定度比较高。当人们面向无限定元素的方向时，则会产生"居中感"和"安心感"
4个垂直面	限定度很大，能给人以强烈的封闭感，人的行动和视线均受到限定

覆盖，亦是一种常用的空间限定方式，作为抽象的概念，用于覆盖的限定元素应该是飘浮在空中的，但事实上很难做到这一点，因此，一般都采取在上面悬吊或在下面加设支撑构件来实现。覆盖常用于比较高大的室内环境中，当然由于限定元素的透明度、质感以及离地距离等的不同，其所形成的限定效果也有所不同。图3-5是由下垂的巨大圆柱体及其照明来限定不同的货位空间。

▲ 图3-5　通过下垂的巨大圆柱体及其照明限定不同的货位空间

资料来源：张绮曼，郑曙旸.室内设计资料集［M］.北京：中国建筑工业出版社，1994：196

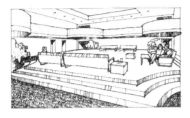

▲ 图3-6　地面的凸起限定出一处空间

资料来源：张绮曼，郑曙旸.室内设计资料集［M］.北京：中国建筑工业出版社，1994：191

▲ 图3-7　通过局部下沉限定出一处会谈空间

资料来源：张绮曼，郑曙旸.室内设计资料集［M］.北京：中国建筑工业出版社，1994：191

▲ 图3-8　悬挑在空中的休息岛丰富了空间变化

资料来源：张绮曼，郑曙旸.室内设计资料集［M］.北京：中国建筑工业出版社，1994：161

凸起，通过高出周围地面的方式来限定空间，这种方式有强调、突出、展示、限制人们活动等意味。图3-6即为一例。在设计中故意将休息空间的地面升高，使其具有一定的展示性，符合现代人的开放心理。

下沉是和凸起相对的空间限定方法，它使该领域低于周围的空间。下沉空间既能为周围空间提供一处居高临下的视觉条件，而且易于营造一种静谧的气氛，同时亦有一定的限制人们活动的功能。当然，无论是凸起或下沉，由于都涉及地面高差的变化，所以均必须注意安全问题，在人流量较大的场合不宜使用，在要求无障碍设计的场合也不宜使用。图3-7就是通过地面的局部下沉，限定出一个聚谈空间，增加了促膝谈心的情趣，同时也可以使室内空间显得有所提高。

架起最典型的方法是设置夹层及通廊，以在一个空间的上方创造出另一空间，这种方法具有丰富空间的效果，且能增加面积。图3-8所示悬挑在空中的休息岛及其下方的中庭空间，很有趣味性。

限定元素的变化也可以限定空间，如通过质感、肌理、色彩、形状及照明的变化限定空间。这种限定主要通过人的意识而发挥作用，一般而言，其限定度较低，属于一种抽象限定。但是当这种方式与某些规则或习俗等结合时，就能提高限定度。图3-9就是通过地面色彩和材质的变化而划分出一个休息区，它既与周围环境贯通，又有一定的独立性。

2. 限定度

上述方法可以在原空间中限定出新的空间，然而由于限定元素本身的特点不同，其形成的空间限定的感觉也不尽相同，这时，可以用"限定度"来判别和比较限定程度的强弱。有些空间具有较强的限定度，有些则限定度比较弱。表3-4即为在通常情况下，限定元素的特性与限定度的关系，可供参考。

表3-4　　　　　　　　限定元素的特性与限定度的强弱

限 定 度 强	限 定 度 弱
限定元素高度较高	限定元素高度较低
限定元素宽度较宽	限定元素宽度较窄

续表

限 定 度 强	限 定 度 弱
限定元素为向心形状	限定元素为离心形状
限定元素本身封闭	限定元素本身开放
限定元素凹凸较少	限定元素凹凸较多
限定元素质地较硬较粗	限定元素质地较软较细
限定元素明度较低	限定元素明度较高
限定元素色彩鲜艳	限定元素色彩淡雅
限定元素移动困难	限定元素易于移动
限定元素与人距离较近	限定元素与人距离较远
视线无法越过限定元素	视线可以越过限定元素
限定元素的视线通过度低	限定元素的视线通过度高

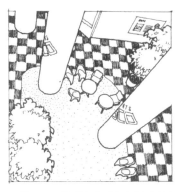

▲ 图3-9　通过地面图案和材质的变化限定出一处空间

资料来源：张绮曼，郑曙旸.室内设计资料集［M］.北京：中国建筑工业出版社，1994：192

3.1.3　空间组织与处理

空间组织和空间处理是室内设计中非常重要的内容，在地下建筑空间室内设计中同样需要重点思考。

1. 空间组织

多个空间之间的组织主要有以下几种：以廊为主的方式、以厅为主的方式、嵌套式的方式和以某一大型空间为主体的连接方式。这几种方式既各有特色又经常综合使用，形成了丰富多彩的空间效果。

1）廊式连接方式

这种空间连接方式的最大特点在于：各使用空间之间可以没有直接的连通关系，而是借走廊或某一专供交通联系用的狭长空间来取得联系。此时使用空间和交通联系空间各自分离，这样既保证了各使用空间的安静和不受干扰，同时通过交通空间又把各使用空间连成一体，并保持必要的联系。当然，在具体设计中，交通空间的形态可长可短、可曲可直、可宽可狭、可虚可实，交通空间的数量可多可少，以此满足功能的需求，并取得丰富而颇有趣味的空间变化（图3-10）。图3-11是西北地区的靠山式窑洞，通过室外道路沿山体布置窑洞，可以看做廊式连接方式的实例。

在地下商业空间、地上地下一体化的室内商业步行街中，常常使用廊式连接方式（即：中间走廊、两侧商店），

图3-10 廊式连接方式 ▶

资料来源：陈易，陈申源.环境空间设计［M］.北京：中国建筑工业出版社，2008：145

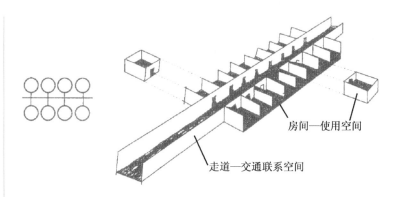

房间—使用空间

走道—交通联系空间

▲ 图3-11 靠山式窑洞通过室外道路布置窑洞

形成室内商业街的模式。室内商业街的宽度常常在4～15m范围内变化，视层数、步行街上是否有室内绿化、座椅等设施情况而定。表3-5和表3-6则显示了街道空间的宽度D、两侧界面高度H、独立性商业单元空间的面宽W三者之间的关系及其相应的空间感受。

表3-5	D与H的相互关系	
	$D/H<1$	街道式空间会给人压抑之感
	$1\leq D/H\leq 2$	街道式空间尺度适合
	$D/H>2$	街道式空间有空旷之感

资料来源：李璐.高层综合体地下商业空间设计研究［D］.上海：同济大学，2012：57

表3-6	D与W的相互关系	
	$D/W\approx 0.6$	易形成良好的商业氛围和空间节奏感
	$D/W<1.0$	易形成节奏感和舒适的动感
	$D/W\approx 1.0$	易产生古典构图和韵律的统一美

资料来源：李璐.高层综合体地下商业空间设计研究［D］.上海：同济大学，2012：57

2）厅式连接方式

这种连接方式一般以厅（某一空间）为中心，各使用空间呈辐射状与厅直接连通。通过厅既可以把人流分散到各使用空间，也可以把各使用空间的人流汇集于此，"厅"负担起人流分配和交通联系的作用。人们可以从厅任意进入一个使用空间而不影响其他使用空间，增加了使用和管理上的灵活性。在具体设计中，厅的尺寸可大可小，形状亦可方可圆，高度可高可低，甚至数量亦可视建筑物的规模大小而不同。在大型建筑中，常可以设置若干个厅来解决空间组织的问题（图3-12）。

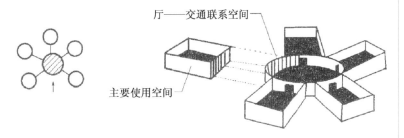

厅——交通联系空间

主要使用空间

◀ 图3-12　厅式连接方式

资料来源：陈易，陈申源.环境空间设计［M］.北京：中国建筑工业出版社，2008：146

在这种联系方式中，厅成为极其重要的空间，从交通组织而言，它有集散人流、组织交通和联系空间的功能，同时它亦具有观景、休息、表演、提供视觉中心等多种作用。图3-13是澳大利亚库帕派迪（Coober Pedy）地下岩屋的平面图，就是通过中间的大空间把周边的地下空间连成整体。

　　3）嵌套式连接方式

　　嵌套式连接方式取消了交通空间与使用空间之间的差别，把各使用空间直接衔接在一起而形成整体，不存在专供交通联系用的空间。这在以展示功能为主的空间布局中尤为常见。图3-14即是嵌套式组合方式的示意图。美国纽约的古根海姆博物馆（Solomon R. Guggenheim Museum）是一典例，由一条既作展览又具步行功能的弧形坡道把上下空间连成一体，取得别具一格的空间效果（图3-15）。图3-16则是一处地下空间，采用了典型的嵌套式连接方式。

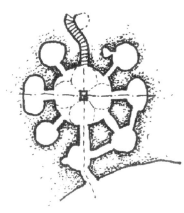

▲ 图3-13　澳大利亚库帕派迪地下岩屋的平面图

资料来源：作者改绘

◀ 图3-14　嵌套式连接方式

资料来源：陈易，陈申源.环境空间设计［M］.北京：中国建筑工业出版社，2008：147

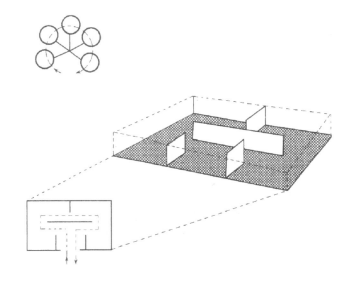

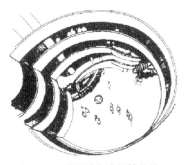

▲ 图3-15　美国古根海姆博物馆

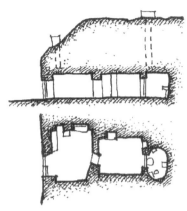

▲ 图3-16 采用嵌套式连接方式的一处地下空间

资料来源：作者改绘

图3-17 以某一大空间为主体的连接方式 ▶

资料来源：陈易，陈申源.环境空间设计［M］.北京：中国建筑工业出版社，2008：148

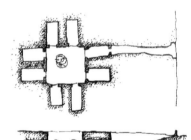

▲ 图3-18 室外庭院是下沉式窑洞的主体空间，连接了四周的窑洞

4）以一大空间为主体的连接方式

在空间布局中，有时可以采用以某一体量巨大的空间作为主体、其他空间环绕其四周布置的方式。这时，主体空间在功能上往往较为重要，在体量上亦比较宏大，主从关系十分明确（图3-17）。旅馆中的中庭、会议中心的报告厅等都可以成为主体空间。图3-18是西北地区的下沉式窑洞，下沉式庭院是主体空间，周围的窑洞都环绕庭院布局。一旦失去了这一室外庭院，四周的窑洞也失去了存在的依据。

主体空间

辅助空间

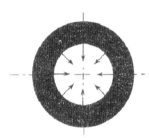
空间组合分析示意图

2. 空间的艺术处理

多空间的艺术处理主要涉及空间的对比与变化、空间的重复与再现、空间的衔接与过渡、空间的渗透与层次、空间的引导与暗示、空间的序列与节奏等内容，这些内容对于形成良好的空间效果具有重要的作用。

1）空间的对比与变化

两个毗邻的空间，如果在某一方面呈现出明显的差异，就可以反衬出各自的特点，从而使人们从这一空间进入另一空间时产生情绪上的突变和快感。空间的差异和对比作用通常表现在以下四个方面。

（1）高大与低矮：两个毗邻的空间，若体量相差悬殊，当由小空间而进入大空间时，可借体量对比而使人的精神为之一振。这种手法十分常见，最常见的是在通往主体大空间的前部，有意识地安排一个极小或极低的空间，通过这种空间时，人们的视野被极度地压缩，一旦走进高大的主体空间，视野突然开阔，从而引起心理上的突变和情绪上的激动振奋。

（2）开敞与封闭：封闭空间一般是指限定度比较高的空间，开敞空间一般是指限定度比较低的空间。前者一般比较暗淡，与外界较为隔绝：后者比较明朗，与外界的关系较为密切。很明显，当人们从前一种空间进入后一种空间时，必然会因为强烈的对比作用而顿时感到豁然开朗。

（3）形状的差异：不同形状的空间之间也会形成对比作用，不过相对于前两种对比方式而言，对于人们心理上的影响要小一些，但还是可以达到变化和破除单调的目的。

（4）方向的不同：即使同一形状的空间，方向不同，亦可产生对比作用，利用这种对比作用也有助于破除单调而求得变化。

当然除此之外，还可以通过色彩、明暗等进行空间对比。在地下建筑空间设计中也经常使用空间对比与变化的方法，例如，地铁车站中的通道一般比较窄、装修等级也比较低，但车站站厅层一般空间较为开阔、装修等级也较高，当人们从通道进入站厅层时，会获得一种开朗的心理感受。

图3-19—图3-21的埃及阿布·辛拜勒神庙（Abu Simbel）

◀ **图3-19　阿布·辛拜勒神庙外观**

资料来源：［美］詹姆斯·沃菲尔德.沃菲尔德建筑速写［M］.陈易编译.上海：同济大学出版社，2013：82

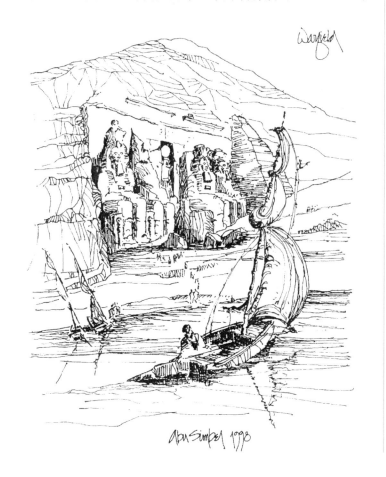

图3-20 阿布·辛拜勒神庙平面 ▶
显示出空间的高低对比

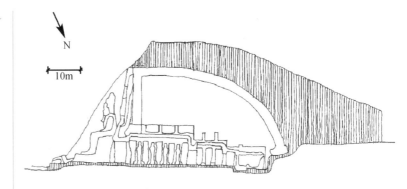

图3-21 阿布·辛拜勒神庙剖面 ▶
显示出空间的形状对比

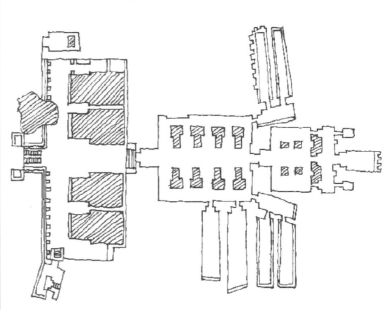

也是运用空间对比的经典案例。阿布·辛拜勒神庙由拉美西斯二世（Ramesses II，公元前1314—前1237年）所建，是名副其实的古代建筑瑰宝。阿布·辛拜勒神庙依山傍岩，在峭壁斜坡上开凿洞口。大庙门面或许可以称为塔门，高32m，长36m，塔门洞口两旁雕刻有约21m高的4座雕像。洞口内还有柱厅，以及位于庙内深处的供奉诸神和拉美西斯二世的雕刻坐像。洞窟内全长约60m，每年2月21日拉美西斯二世生日，以及10月21日拉美西斯二世加冕日时，阳光可穿过60m深的庙廊，洒在拉美西斯二世的雕像上，而他周围的雕像则享受不到太阳神这份奇妙的恩赐，因此人们称拉美西斯二世为"太阳的宠儿"，把这一天称为"太阳日"。后因修建阿斯旺（Assuan）水库，神庙迁移到离尼罗河201m远的65m高

处，"太阳日"也分别延后一天。[①] 从图中可以看到，建造神庙时综合运用了空间对比的方法：入口处有巨大的尺度的雕像，然后通过矮小的过厅进入里面的大空间，大空间的四周还有小空间。在这里，可以体会到空间形状的变化、高低的变化、大小的变化、明暗的变化，而这一切都是为了渲染庄严的气氛，让人感到自己的渺小和帝王的伟大。

2）空间的重复与再现

在一个整体中，对比固然可以求得变化，但作为它的对立面——重复与再现可以凭借协调而求得统一，因而亦是空间艺术处理中不可缺少的因素。只有把对比与重复这两种手法结合在一起，才能获得好的效果。

同一种形式的空间，如果连续多次或有规律地重复出现，可以形成一种韵律节奏感，图3-22就是一例，通过柱廊形成了重复的空间效果。

◀ 图3-22　重复的空间效果

资料来源：张绮曼，潘吾华.室内设计资料集2［M］.北京：中国建筑工业出版社，1999：282

---

① 拉美西斯二世，百度百科，2013-08-24，http://baike.baidu.com/view/19781.htm。

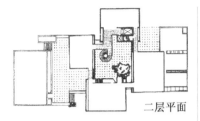

二层平面

▲ 图3-23 伊弗森美术馆二层平面
显示了四个矩形展厅分散在各处

资料来源：张绮曼，郑曙旸.室内设
计经典集［M］.北京：中国建筑工业
出版社，1994：117

图3-24 伊弗森美术馆外观，可以 ▶
看到出挑的矩形展厅

资料来源：张绮曼，郑曙旸.室内设
计经典集［M］.北京：中国建筑工
业出版社，1994：115

至于空间再现，就是指相同的空间，分散于各处或被分隔开来，人们不能一眼就看出它的重复性，而是通过逐一地展现，进而感受到它的重复性。如，贝聿铭先生设计的伊弗森美术馆（Dverson Museum of Art）四个矩形展厅分散在各处，由走廊相连，但人们在参观过程中还是可以感受到空间的再现（图3-23—图3-25）。

图3-25 伊弗森美术馆展厅内景 ▶

资料来源：张绮曼，郑曙旸.室内设
计经典集［M］.北京：中国建筑工业
出版社，1994：116

3）空间的衔接与过渡

两个大空间如果以简单化的方法使之直接连通，常常会使人感到单调或突然。倘若在两个大空间之间插进一个过渡性的空间，就会增加变化，使人感到段落分明并形成抑扬顿挫的节奏感。

过渡性空间常常可以处理得小一些、低一些、暗一些，只有这样，才能充分发挥其在空间处理上的衔接和过渡作用。使得人们从一个大空间走到另一个大空间时经历由大到小，再由小到大；由高到低，再由低到高；由亮到暗，再由暗到亮的过程，从而在人们的记忆中留下深刻的印象。

过渡性空间的设置不可生硬，可以结合功能要求、流线转折、高度变化、明暗变化、内外变化等要求巧妙设置，要处理得巧妙，不使人感到繁琐和累赘。对于地下建筑空间而言，要尤其注意内外空间交接处的过渡空间，要尽量减少进入地下室内空间时的突兀感。

图3-26为一幢高层建筑的底部空间，通过大胆的设计，形成内与外、上与下的良好的空间过渡；图3-27通过自动扶梯将人流巧妙地从地面入口层引向地下空间，空间处理非常自然，实现了上下空间的互动，避免了地下建筑空间的沉闷感。

4）空间的渗透与层次

空间渗透是指：两个相邻空间之间的限定元素的限定度较低，使得这两个空间不是彻底隔绝，而是互相连通，彼此

◀ **图3-26 高层建筑底部的空间过渡处理**

资料来源：齐康.画的记忆——建筑师徒手画［M］.南京：东南大学出版社，2007：40

图3-27　非常巧妙自然的地上地 ▶
下空间过渡和衔接处理

资料来源：齐康.画的记忆——建筑
师徒手画［M］.南京：东南大学出
版社，2007：61

图3-28　框景的设计效果 ▶

资料来源：齐康.画的记忆——建筑
师徒手画［M］.南京：东南大学出
版社，2007：83

渗透，相互因借，从而增强空间的层次感。中国古典园林建筑中"借景""漏景""对景""框景"等处理手法就是典例。这种空间渗透的设计手法可以获得丰富的层次，在中国传统园林中使用广泛。图3-28是苏联某纪念性建筑中的框景设计效果。

现代建筑普遍采用框架结构，为自由分隔空间创造了极为有利的条件，从而为创造空间的渗透和层次提供了广泛的可能性，所谓"流动空间"正是对这种空间渗透效果的形象概括。密斯（Ludwig Mies van der Rohe，1886—1969年）设计的巴塞罗那德国馆（German Pavilion of Barcelona International Fair），穿插的墙体形成了美妙的空间渗透效果，成为"流动空间"的范例（图3-29）。

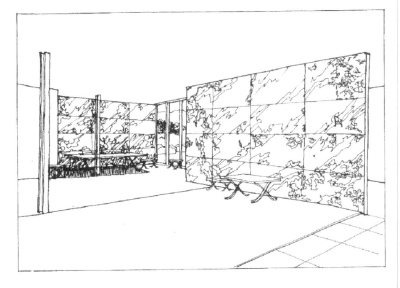

◀ **图3-29　巴塞罗那德国馆是流动空间的代表之作**

资料来源：张绮曼，郑曙旸.室内设计资料集［M］.北京：中国建筑工业出版社，1994：155

图3-30为美国国家美术馆东馆中央大厅内景，设置巧妙的夹层、廊桥使大厅内空间互相穿插渗透，空间效果十分丰富。特别当人们仰目观看时，一系列廊桥、挑台、楼梯映入眼帘，阳光从玻璃顶棚倾泻而下，给人以活泼轻快和热情奔放之感。

5）空间的引导与暗示

有时出于功能需要、有时出于现实的限制、有时为了形成丰富的空间效果，设计师常常把某些"重要空间"或者"趣味中心"置于比较隐蔽的地方，避免开门见山，一览无余。因此，在空间群体设计中需要采取一定的措施对人流加

▲ **图3-30　美国国家美术馆东馆中央大厅内景**

资料来源：彭一刚.建筑空间组合论［M］.北京：中国建筑工业出版社，1983：229

以引导或暗示，从而使人们循着一定的途径而达到预定的目标。这种引导和暗示属于空间艺术处理的范畴，要处理得自然、巧妙，使人于不经意之中沿着一定的方向或路线从一个空间依次地走向另一个空间。

常见的空间引导与暗示方法有以下几种途径，它们既可以单独使用，又可以互相配合起来共同发挥作用。

（1）弯曲的侧界面：以弯曲的侧界面能把人流引向某个确定的方向，并暗示另一空间的存在。

（2）楼梯、台阶、坡道：可以把人流由一个标高引导至另一个标高。

（3）天花或地面：经过设计，可以暗示出前进的方向，把人流引导至某个确定的目标。

（4）空间分隔物：通过空间的灵活分隔可以暗示出另外一些空间的存在，从而发挥引导作用。

当然除此之外，还有不少其他的方法，如：明暗变化、灯光引导、色彩对比等，在空间处理中，应该结合具体条件，灵活使用。

图3-31显示了通过斜向扶梯发挥对空间的引导作用。图3-32是我国典型的下沉式窑洞住宅。下沉式窑洞的住宅室内地面远远低于周围的室外地面。在室外，从远处是难以发现下沉式窑洞的。因此，当地居民在窑洞坡道的入口处设置了小门楼，作为入口的标志，具有引导作用；从门楼进入后，可以沿坡道（或台阶）进入下沉庭院；在走完坡道，快进入庭院之时，迎面是一处影壁，影壁既可以遮挡视线，保

图3-31 斜向扶梯的空间导向作用 ▶

资料来源：齐康.画的记忆——建筑师徒手画［M］.南京：东南大学出版社，2007：42

护私密性，同时又有驱邪护宅之意；绕过影壁，就进入了下沉庭院。庭院是下沉式窑洞住宅的核心空间，庭院周围可以挖掘窑洞，有的作为住房、有的作为辅房、有的作为储藏、有的饲养家畜。通过庭院可以组织空间，可以保证获得天然采光和自然通风。就在这朴素的窑洞住宅中，也可以体会到空间的引导和暗示。

6）空间的序列与节奏

为了使整个空间群体获得完整统一的效果，还必须充分重视空间群体的序列与节奏。

空间艺术是三度艺术，人们不能一眼就看到它的全部，只有在运动中——也就是在连续行进的过程中，才能逐一地看到它的各个部分，从而形成整体印象。在从一个空间走到另一个空间的过程中，人们才能逐渐感受空间的整体，因此，空间群体的观赏不仅涉及空间变化的因素，同时还要涉及时间变化的因素，是四维的艺术。因此，设计师不仅要使人们在静止情况下能获得良好的观赏效果，而且要使人们在运动情况下也能获得良好的观赏效果，使人感到既协调一致、又充满变化，从而留下完整、深刻的印象。

　　组织空间序列，首先要考虑主要人流方向的空间处理，当然同时还要兼顾次要人流方向的空间处理。前者应该是空间序列的主旋律，后者虽然处于从属地位，但却可以起到烘托前者的作用。

　　在主要人流方向上的主要空间序列一般可以概括为：入口空间——一个或一系列次要空间——高潮空间——一个或一系列次要空间——出口空间。其中，入口空间主要希望通过空间的妥善处理吸引人流进入室内；人流进入之后，一般需要经过一个或一系列相对次要的空间才能进入主体空间（高潮空间），对这一系列次要空间也应进行认真处理，使之成为高潮空间的铺垫，使人们怀着期望的心情期待高潮空间的到来；高潮空间是整个空间序列的重点，一般来说它的空间体量比较高大、用材比较考究，希望给人留下深刻的印象；在高潮空间后面，一般还需要设置一些次要空间，以使人的情绪能逐渐回落；最后则是空间群的出口空间，出口空间虽然是空间序列的终结，但也不能草率对待，否则会使人感到虎头蛇尾、有始无终。

　　上面介绍的是比较理想化的空间序列，在实际设计中，应该根据空间群的功能和具体情况进行调整，有时甚至可以设置两个或更多的高潮空间，有时则不一定有出口空间。总之，应该根据空间限定原则和形式美原则，综合运用空间对比、空间重复、空间过渡、空间引导等一系列手法，使整个空间群体成为有次序、有重点、有变化的统一整体。当然受制于工程技术，地下建筑的空间序列组织往往不如地面建筑方便，但我们仍可以看到建设者在这方面的努力，图1-11和图1-12所示的唐永泰公主墓就显示了这方面的成果。

　　永泰公主墓位于乾陵旁，属于乾陵的陪葬墓。地面有方上，周围有墙，门前有华表1对，石人2对，石狮1对。墓室位于地下，由甬道通下。墓室分为前后二室，前室顶上绘有星辰天象，后室置棺，仿照地面建筑前堂后寝的格局。墓室和甬道的侧面和顶面均绘有壁面，反映当时的宫廷生活。从图来看，整个空间群的组织经历了从地上到地下、从明到暗、从宽敞到狭窄、从低到高的过程。仅从地下空间而言，甬道空间比较狭小低矮，而两个墓室空间相对高大，形成空间的对比。有趣的是：在连接前后墓室的甬道上，还设置了门，代表了内外之别，同时也增加空间的变化。总之，建设者在技术条件十分有限的情况下，通过一系列空间设计手法，使人们能够体会到空间序列的变化，获得较好的空间感受。

3.2 界面设计与材料选择

对于内部空间而言，界面设计与材料选择具有重要意义。内部空间设计离不开界面设计，各界面（顶面、侧面、底面）设计对于内部空间效果具有举足轻重的影响；同时，界面设计的最终实施效果离不开材料，只有选择恰当的材料才能实现设计师的构思，才能表达出恰如其分的空间氛围。

3.2.1 界面设计

室内界面设计需要综合考虑功能要求、风格要求、色彩处理、图案处理、视觉调整等一系列要求，只有这样才能形成良好的内部空间环境。其中，关于界面的形式美处理可以详见本书第2章中关于"愉悦"的内容，这里不再赘述。

1. 界面的功能要求

不同的界面具有不同的功能要求，表3-7就清晰明了地介绍了不同界面的功能要求，可以供设计师参考。

表3-7　　　　　不同界面的功能要求

功能要求	底面	侧面	顶面	备　注
使用期限及耐久性	●	○	○	地下建筑空间施工不易，更换材料不易，尤其应注意耐久性
耐燃及防火性能	●	●	●	地下建筑空间一定要满足消防要求
无毒及不散发有害气体	●	●	●	地下建筑空间不易通风，尤其应该尽量采用绿色环保材料
核定允许的放射剂量	●	●	●	—
易于施工或加工制作	●	●	●	最好采用利于装配式施工、干作业施工工艺的设计方案
自重轻	○	○	●	—
耐磨及耐腐蚀	●	○	○	—
防滑	●	—	—	—
易清洁	●	○	—	—

续表

功能要求	底面	侧面	顶面	备 注
隔热保温	○	○	○	地下建筑空间一般都有较好的隔热保温效果
隔声吸声	●	●	●	主要考虑来自内部的噪声，如地铁车辆、机械设备的运行噪声等
防潮防水	●	●	●	地下空间土建设计中一定要注意采取防潮防渗措施。在室内设计中，与四周土壤相接的界面要尤其注意防潮防水的处理
光反射率	—	○	●	在可能的情况下，尽量采用浅色明亮的材料，减少地下建筑空间的压抑感。不宜采用过于光滑的材料，以免产生眩光

注：●——较高要求；○——较低要求。

2. 界面的色彩处理

色彩设计既有科学性，又有很强的艺术性。从室内空间的色彩构成而言，主要分为背景色彩、主体色彩和强调色彩。背景色彩主要是指顶面、侧面、地面等界面的色彩，一般常常采用彩度较低的沉静色彩，发挥烘托的作用；主体色彩主要是指家具、陈设中的中等面积的色彩，它们是表现室内空间色彩效果的主要载体；强调色彩主要指小面积的色彩，起到画龙点睛的作用，一般用于重要的陈设物品。

室内空间各界面的色彩关系及常用色彩规律见表3-8和表3-9。

表3-8　　　　　　　　　　室内界面的色彩关系

关系色类	单色相	选择一种色相，进行明度、彩度的变化，以及与黑、白、灰组合	可以形成单纯、统一的色彩效果，是一种常用的方法
	类似色相	选择类似的色相，进行明度、彩度的变化，以及与黑、白、灰组合	可以形成统一之中有变化的色彩效果，也是一种常用的方法
对比色类	—	选择具有对比效果的色相进行明度、彩度的变化，以及与黑、白、灰组合	可以形成对比鲜明，又协调统一的色彩效果

总体而言，在室内空间中，上部色彩的明度较高、下部

色彩的明度较低，符合上轻下重的视觉习惯；希望突出的部位使用彩度较高的用色彩，不希望突出的部位使用彩度较低的色彩；易脏部位的色彩明度较低。具体而言，各部位的用色规律如表3-9所列。

表3-9　　　　室内空间常见用色彩规律

部位	常 用 色 彩
顶面	（1）白色或者接近白色的高明度色彩； （2）顶面色彩的明度一般高于侧面
侧面	（1）一般采用较高明度的色彩，但往往低于顶面； （2）中性色系的侧面色彩处理容易形成明朗、舒适之感
墙裙	明度一般低于上部墙面，高度一般与窗台齐平
踢脚	明度一般低于墙裙，色彩一般与地面相同或接近，需考虑耐脏要求
门窗框	（1）门、门窗框一般采用相同色彩，需要考虑与墙面色彩的协调； （2）一般为深色，但如果墙面色彩为深色时则也可以采用浅色。
家具	（1）一般采用无刺激、低彩度的色彩； （2）可以采用与侧面色彩对比的颜色； （3）暖色墙面时，可以采用冷色系或中性色系的家具； （4）冷色墙面时，可以采用暖色系的家具
织物	应考虑与界面色彩的协调，考虑更换织物的效果

3. 界面的视觉感受

不同的色彩、质感、图案可以产生相应的视觉感受和心理效应（表3-10），从而起到一定的调节界面视觉感受、调节空间感受的作用。

表3-10　　　　不同界面处理与视觉感受

类别	变化因素	空 间 效 果
线性	垂直线性	空间容易感觉增高
	横向线性	空间容易感觉开阔
图案	大尺度图案	空间容易感觉缩小
	小尺度图案	空间容易感觉扩大
质感	硬质材料	空间容易感到挺拔冷峻
	软质材料	空间容易感到亲切柔和

续表

类别	变化因素	空 间 效 果
色彩	暖色系列（色相）	有前进感，空间容易感觉变小；容易形成欢快、温暖的效果
	冷色系列（色相）	有后退感，空间容易感觉变大；容易形成沉静、冷峻的效果
	高明度	有后退感，空间容易感觉变大
	低明度	有前进感，空间容易感觉变小
	高彩度	有前进感，空间容易感觉变小
	低彩度	有后退感，空间容易感觉变大

3.2.2 材料选择

空间设计、界面设计的效果最终都离不开材料，选择恰当的材料是获得良好空间效果的必要一环。设计师可以从媒体、厂商、同行、专业检测机构那里获得相应的信息，积累材料信息和样品，以便在工作中选取合适的材料。随着设计市场的成熟，有的设计机构和专业机构已经建立起材料库，甚至模拟内部空间的实景，供设计人员综合外观、环境、性能、价格等多方因素选择材料，更有效地营造安全、舒适、优美的内部空间。

表3-7介绍了不同界面的功能要求，其实也对相应的材料选择提出了要求。在具体工作中，用于地下建筑空间室内设计的材料除了美观要求之外，主要需要考虑防火性能、绿色环保、质感效果等几个方面。

1. 防火性能

防火是当前设计行业，尤其是地下建筑空间建筑设计和室内设计中极其重要的内容。《建筑内部装修设计防火规范》（GB 50222—95）对常见装修材料的燃烧性能做了等级划分，见表3-11。这是室内设计选用材料的依据，地下建筑空间室内设计应该根据不同空间、不同界面选用相应等级的装修材料。

表3-11中，A表示装修材料的燃烧性能为不燃性，B_1表示装修材料的燃烧性能为难燃性，B_2表示装修材料的燃烧性能为可燃性。安装在钢龙骨上的纸面石膏板，可做为A级装修材料使用；当胶合板表面涂覆一级饰面型防火涂料时，可做

表3-11　常用建筑内部装修材料燃烧性能等级划分举例

材料类别	级别	材 料 举 例
各部位材料	A	花岗岩、大理石、水磨石、水泥制品、混凝土制品、石膏板、石灰制品、黏土制品、玻璃、瓷砖、马赛克、钢铁、铝、铜合金等
顶棚材料	B_1	纸面石膏板、纤维石膏板、水泥刨花板、矿棉装饰吸声板、玻璃棉装饰吸声板、珍珠岩装饰吸声板、难燃胶合板、难燃中密度纤维板、岩棉装饰板、难燃木材、铝箔复合材料、难燃酚醛胶合板、铝箔玻璃钢复合材料等
墙面材料	B_1	纸面石膏板、纤维石膏板、水泥刨花板、矿棉板、玻璃棉板、珍珠岩板、难燃胶合板、难燃中密度纤维板、防火塑料装饰板、难燃双面刨花板、多彩涂料、难燃墙纸、难燃墙布、难燃仿花岗岩装饰板、氯氧镁水泥装配式墙板、难燃玻璃钢平板、PVC塑料护墙板、轻质高强复合墙板、阻燃模压木质复合板材、彩色阻燃人造板、难燃玻璃钢等
	B_2	各类天然木材、木制人造板、竹材、纸制装饰板、装饰微薄木贴面板、印刷木纹人造板、塑料贴面装饰板、聚酯装饰板、复塑装饰板、塑纤板、胶合板、塑料壁纸、无纺贴墙布、墙布、复合壁纸、天然材料壁纸、人造革等
地面材料	B_1	硬PVC塑料地板，水泥刨花板、水泥木丝板、氯丁橡胶地板等
	B_2	半硬质PVC塑料地板、PVC卷材地板、木地板氯纶地毯等
装饰织物	B_1	经阻燃处理的各类难燃织物等
	B_2	纯毛装饰布、纯麻装饰布、经阻燃处理的其他织物等
其他装饰材料	B_1	聚氯乙烯塑料，酚醛塑料，聚碳酸酯塑料、聚四氟乙烯塑料。三聚氰胺、脲醛塑料、硅树脂塑料装饰型材、经阻燃处理的各类织物等 另见顶棚材料和墙面材料内中的有关材料
	B_2	经阻燃处理的聚乙烯、聚丙烯、聚氨酯、聚苯乙烯、玻璃钢、化纤织物、木制品等

资料来源：GB 50222—95. 建筑内部装修设计防火规范［S］. 北京：中国建筑工业出版社，1995

为B_1级装修材料使用；单位重量小于300g/m²的纸质、布质壁纸，当直接粘贴在A级基材上时，可做为B_1级装修材料使用。[1]

---

[1] 《建筑内部装修设计防火规范》（GB 50222—95），中国建筑工业出版社，1995，第2页。

2. 外观质感

材料的外观质感历来是设计师十分重视的内容，它往往与人的视觉感受、触觉感受有关，同时也与视觉距离有关。

1）常见的质感表现

材料给人们的质感常常集中在以下几个方面。

（1）粗糙和光滑。表面粗糙的材料，如：石材、混凝土、未加工的原木、粗砖、磨砂玻璃、长毛织物等；光滑的材料，如：玻璃、抛光金属、釉面陶瓷、丝绸、有机玻璃等。

（2）软与硬。纤维织物、棉麻等都有柔软的触感，摸上去很愉快；硬的材料，如：砖石、金属、玻璃等，耐用耐磨、不变形、线条挺拔，硬质材料多数有较好的光洁度与光泽。

（3）冷与暖。质感的冷暖表现在身体的触觉和视觉感受上。一般来说，人的皮肤直接接触之处都要求尽量选用柔软和温暖的材质；视觉上的冷暖则主要取决于色彩的不同，即采用冷色系或暖色系的色彩。选用材料时应同时考虑两方面的因素。

（4）光泽感。通过加工可使材料具有很好的光泽，如抛光金属、玻璃、磨光花岗石、釉面砖等。通过镜面般光滑表面的反射，可使室内空间感扩大，同时映射出光怪陆离的环境色彩，在地下建筑空间室内设计中，常采用镜面材料扩大空间感。此外，光泽表面还易于清洁，但要注意避免产生眩光。

（5）透明度。常见的透明、半透明材料有：玻璃、有机玻璃、织物等，利用透明材料可以增加空间的广度和深度。透明材料具有轻盈感，半透明材料则有一定的神秘感。

（6）弹性。因为弹性的反作用，人们走在有弹性的材料上感到很舒服，同时，弹性材料亦有防撞的功能。常用的弹性材料有：泡沫塑料、泡沫橡胶、织物等，竹、藤、木材（特别是软木）也有一定的弹性。

（7）肌理。材料表面的组织构造所产生的视觉效果就是肌理。材料的肌理有自然纹理和工艺肌理（材料的加工过程所产生的肌理）两类。肌理的巧妙运用可以丰富装饰效果，但肌理纹样过多或过分突出时，也会造成视觉上的混乱，这时应辅以均质材料作为背景。

2）质感与距离

质感与距离有十分密切的关系，质感细腻的材料适合于近距离体验，质感粗犷的材料适合于远距离体验。为此，日本著名建筑师芦原义信（1918—2003年）提出了"第一次质感"和"第二次质感"的概念。

按照芦原义信的观点，设计师在设计时，应该充分考虑质感与距离的关系，"第一次质感"是考虑人们近距离感受的质感，"第二次质感"则是考虑人们在较远距离感受的质感。以花岗岩墙面为例，花岗岩的质感只有在近距离观看时才能体会到，因而是第一次质感；而花岗岩墙面上大的分格线条，则在远距离就可以观看到，属于第二次质感。所以，设计师在设计时，必须充分考虑材料与观看距离的关系，否则很难达到预想的效果。图3-33即为第一次质感和第二次质感的示意图，图中，（a）为第一次质感与第二次质感图解示意，（b）为不同距离质感举例。

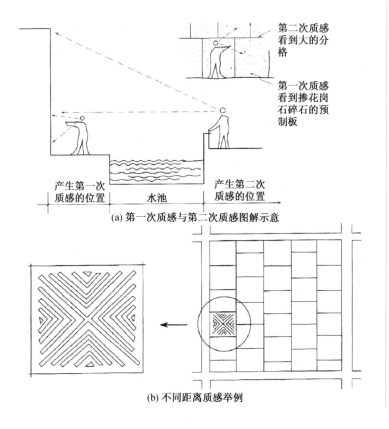

(a) 第一次质感与第二次质感图解示意

(b) 不同距离质感举例

◀ 图3-33　质感与距离

资料来源：陈易，陈申源.环境空间设计［M］.北京：中国建筑工业出版社，2008：127

3）常见硬质材料的质感特点

不同的材料有不同的质感特点，表3-12显示了常见的地下建筑空间室内设计的材料外观及质感特点，供设计人员参考。

表3-12　　常见用于地下建筑空间的室内装修材料的特点

名　称		主　要　特　点	常见适用范围
天然石材	大理石	有多种色彩、纹理美观	侧面、底面、台面、门窗框等处
	花岗岩	质地较大理石坚硬、耐磨，有多种色彩，常见为点状或晶体状肌理。光面花岗岩给人以整洁、光滑之感，有时可以达到镜面的效果；毛面花岗岩给人以粗糙、质朴之感，根据处理方式又可分为烧毛、凿毛	侧面、底面、台面、门窗框等处
	板岩	一般为蓝灰色、绿灰色、红色或黑色	侧面、底面
人造石材	水磨石	大理石碎片嵌入水泥基黏合剂。地下建筑空间一般采用预制水磨石块装饰	侧面、底面
	人造石	大理石碎片嵌入树脂基黏合剂	侧面、底面、台面
	微晶石	天然无机材料经由高温烧结而成，质地坚硬、细腻、耐磨、耐腐	侧面、底面、台面
混凝土	混凝土	除结构作用外，还有装饰作用。采用特殊设计的模版浇筑而成的混凝土，或者表面经过处理后的混凝土，往往会形成非常粗旷的效果，深受设计师喜爱	侧面、底面、顶面
陶瓷制品	釉面砖、墙地砖、陶瓷锦砖（马赛克）	具有耐火、防水、耐磨、易清洁等特点。有各种色彩、各种尺寸、各种图案，选择范围很大	底面、侧面及有用水要求的场所
金属材料	钢	有粗旷、结实之感	门窗框、结构构件
	不锈钢	根据表面处理，可以分为镜面、亚光、拉丝等不同效果，总体上给人现代、简洁之感	台面、门窗框、踢脚、各类装饰面
	铝合金	有各种色彩和表面处理的效果，给人现代、轻盈、整洁之感	门窗框、隔断、移门、吊顶等各种构件
	黄铜	色彩金黄，给人高贵、华丽之感	侧面、把手、五金件等装饰件
	青铜	给人古朴、沉稳之感，具有历史沧桑感	侧面、装饰件、陈设品等
	银	高贵、文雅之感	装饰件、陈设品等

续表

名　称		主　要　特　点	常见适用范围
玻璃制品	功能性玻璃	平板玻璃、夹丝玻璃、中空玻璃、吸热玻璃、热反射玻璃等	常用于侧面，其他界面也有使用
	装饰性玻璃	磨砂玻璃、花纹玻璃、彩色玻璃、彩绘玻璃、玻璃空心砖等	常用于侧面、顶面，底面也可使用
石膏	石膏板	表面可以涂饰各种色彩，使用范围广。防火石膏板还有防火功能	顶面、侧面。防火石膏板用于需要进行防火的场所和构件
	吸声板	石膏板上设置洞口，用于需要吸声的场所	顶面、侧面
涂料	乳胶漆	具有各种色彩和各种涂饰效果	顶面、侧面

3. 绿色建材

绿色材料是近年来一个经常出现的名词。对于绿色建材，似乎还没有一个全面的定义，根据顾真安主编的《中国绿色建材发展战略研究》一书中的定义：绿色建材是指在原料采取、生产制造、使用与再生循环及废料处理等环节中对地球环境负荷最小和有利于人体健康的建筑材料。

1）绿色建材的特征与评价

绿色建材与传统建材相比，应具有以下几个方面的特征：①其原料尽量少用天然资源，尽可能使用废料、废渣、废液等废弃物；②其生产过程尽可能采用低能耗的制造工艺，采用不污染环境的生产技术；③产品以改善环境，提高生活质量为宗旨，不含对人体健康有害、对环境有害的物质；④产品可以回收再利用、循环再利用，废弃物对环境无污染。①

国家"十五"科技攻关项目对建筑材料的绿色评价提出了四级指标体系，分为基本指标体系与环境评价体系，基本指标体系主要为质量指标，含国家行业质量标准以及一票否决条件。环境评价体系包括原料采集过程指标、生产制造过程指标、使用过程指标、废弃过程指标四个方面，具体细化指标见表3-13。②

---

① 陈易、高乃云、张永明、寿青云：《村镇住宅可持续设计技术》，中国建筑工业出版社，2013，第239页。

② 同上书，第40页。

表3-13		材料的环境评价体系
环境 评价 体系	原料采集过程 指标	原料获得方式、资源消耗指标、环境污染指标、原料本地化指标等
	生产制造过程 指标	能源消耗指标、清洁生产指标、废弃物利用情况、环境污染指标、生产工艺装备等
	使用过程指标	对使用环境影响、本地化指标、安全性指标、清洁施工指标、功能性指标等
	废弃过程指标	废弃过程对环境影响、再生利用指标等

资料来源：陈易，高乃云，张永明，寿青云. 村镇住宅可持续设计技术［M］.北京：中国建筑工业出版社，2013：240

2）绿色材料的使用

以往室内设计师倾向于从外观质感选择装修材料，而如今还需要有新的思考内容。

（1）设计师应该尽量采用可循环、可再生的材料。建筑中可再循环材料包括两部分内容：一是用于建筑的材料本身就是可再循环材料；二是建筑拆除时能够被再循环的材料，如金属材料（钢材、铜材等）、玻璃、铝合金型材、石膏制品、木材等。而不可降解的建筑材料，如聚氯乙烯（PVC）等材料不属于可再循环材料范围。充分使用可再循环材料可以减少生产加工新材料带来的对资源、能源的消耗和对环境的污染，对于可持续发展具有重要意义。可再利用材料是指在不改变所回收物质形态的前提下进行材料的直接再利用，或经过再组合、再修复后再利用的材料。如：钢材、木材等。这类材料对于降低能耗、降低材料消耗和节约资源都具有更大的意义。

（2）尽可能采用标准化规格的材料和预制构件。非标尺寸的材料太多、现场制作的材料大多都容易增加材料消耗，造成能源和资源的浪费。因此设计中应尽量根据模数化的原则，尽可能采用标准规格的材料和预制构件，有利于工厂规模化生产，提高产品质量，减少工地现场切割，减少湿作业，物尽其用，大大提高施工速度。由于地下建筑空间的施工较之地面建筑复杂，因此这条原则尤其重要。

（3）优化设计，减少不必要的装饰。材料的消耗与设计方案也有很大的关系，在设计中，应该尽可能减少不必要的装饰构件和装饰处理，提倡简洁大方的装饰风格，以此减少材料消耗、减少资源浪费和能源消耗，这对于室内设计而言，尤其重要。

（4）尽可能与土建设计结合，减少二次装修造成的材料损耗。地下建筑空间室内设计应该尽可能在早期就与建筑设计结合，尽可能与土建设计一并考虑，减少二次装修带来的材料浪费和能源消耗。

3.3 空间内含物选择与布置

地下建筑空间中的内含物主要包含：家具、陈设、织物和绿化，它们有助于帮助实现内部空间的功能，提升内部空间的品质，渲染内部空间的气氛，应该引起设计师的高度重视。目前常常有人将上述内容称为"软装设计"，以示与空间组织和界面设计的区别，其实，上述内容从来就是室内设计中不可分割的组成部分。

3.3.1 家具

家具是指人类日常生活和社会活动中使用的，具有坐卧、凭倚、贮藏、间隔等功能的生活器具，大致包括坐具、卧具、承具、储藏类家具、阻隔类家具等。家具是人们日常工作生活中不可缺少的器具，是室内空间中的重要组成部分。

1. 家具的种类与选择

家具的种类很多，按照风格，常常可以非常粗略地分为中国传统家具、西方传统家具、和式家具和现代家具，如图3-34—图3-37所示。每一种风格又可以进一步细分，仅中国传统家具就可以细分为：春秋战国时期的家具、汉代家具、唐代家具、宋代家具、明代家具、清代家具等，其中明式家具被认为是中国家具发展的高峰。

按照使用的材料，家具可以大致分为：木制家具、竹藤家具、金属家具、塑料家具、软垫家具等；按照结构方式，家具又可以大致分为：框架家具、板式家具、拆装家具、折叠家具、支架家具、充气家具、浇铸家具等；按照摆放方式，家具还可以分为固定家具和移动家具。

选择家具首先需要考虑使用功能；其次需要考虑所处室

图3-34 中国传统室内空间与家具 ▶

资料来源：张绮曼，郑曙旸.室内设
计资料集［M］.北京：中国建筑工
业出版社，1994：165

图3-35 西方传统室内空间与家具 ▶

资料来源：张绮曼，郑曙旸.室内设
计资料集［M］.北京：中国建筑工
业出版社，1994：137

图3-36 日本传统室内空间与家具 ▶

资料来源：张绮曼，郑曙旸.室内设
计资料集［M］.北京：中国建筑工
业出版社，1994：145

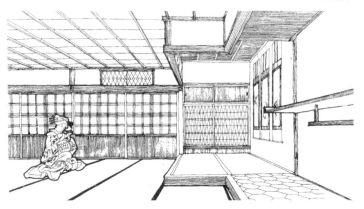

◀ **图3-37　现代主义风格的室内空间与家具**

资料来源：张绮曼，郑曙旸.室内设计资料集［M］.北京：中国建筑工业出版社，1994：155

内空间的大小、人流运动、环境氛围及要求，例如，地铁车站内的家具一般都采用简洁大方、实用耐久、易于清洁、无火灾安全隐患的金属家具。

2. 家具与空间限定

家具设计是一专门学问，涉及人体尺寸、材料、工艺制作等相关内容，在此仅从家具与空间设计的关系上做些分析。从空间限定上来看，家具有组织空间、分隔空间、填补空间等作用。

家具可以组织空间，形成一个功能相对独立的区域，从而满足人们在室内环境中进行多种活动或享受多种生活方式的需要。图3-38即是通过一组家具，在公共空间中限定出一处休息空间。

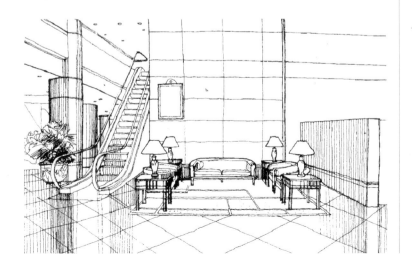

◀ **图3-38　利用家具在公共空间中限定出一处休息空间**

资料来源：庄荣，吴叶红.家具与陈设［M］.北京：中国建筑工业出版社，1996：4

家具常常用于对空间进行二次分隔。图3-39为常见的用于办公大空间中的家具，通过不同高度的隔板，对空间做不同的分隔，既保持大空间的完整性，又使办公人员具有一定的私密性。图3-40则显示通过柜子将空间分隔为睡眠和起居两部分。

家具还有填补空间的作用。在空间设计中，常常会出现一些难以正常使用的空间，此时，如果通过一些巧妙的家具设计，往往可以起到填补空间和充分利用空间的效果。如图3-41所示。

图3-39　办公家具通过隔板分隔空间 ▶

资料来源：庄荣，吴叶红.家具与陈设［M］.北京：中国建筑工业出版社，1996：7

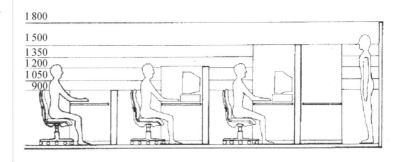

图3-40　通过柜子把空间分隔成睡眠和起居两部分 ▶

资料来源：陈薇伊绘制

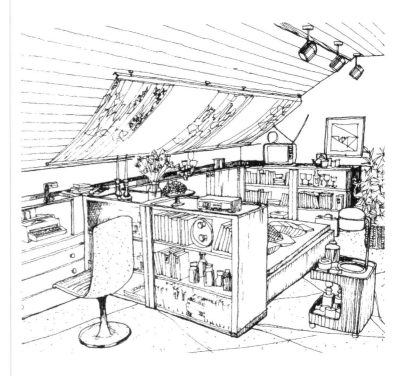

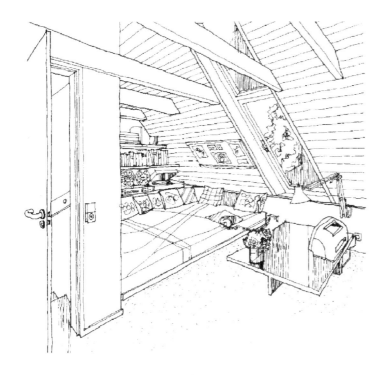

3.3.2　织物

织物柔软、易于变形，具有很强的功能性、装饰性和灵活性，同时也非常容易表达特定的地域特色和民族特点，是目前室内设计中非常重要的设计元素。

1. 织物的种类

用于室内空间的织物可以分为实用性织物和装饰性织物两大类。实用性织物主要包括：窗帘、床罩、枕巾、帷幔、靠垫、地毯、沙发罩、台布等；装饰性织物主要包括：挂毯、壁挂、软雕塑、旗帜、吊伞、织物玩具等。其实，上述两类织物往往同时具有实用和装饰的功能，只是略有不同的侧重而已，见表3-14。

表3-14　　　　各种织物的内容、功能及特点

类别	内容、功能、特点
地毯	地毯给人们提供了一个富有弹性、降低噪声的地面，并可创造象征性的空间，但需要注意其清洁、防污、防虫的处理
窗帘	窗帘分为：纱帘、绸帘、呢帘3种。又分为：平拉式、垂幔式、挽结式、波浪式、半悬式等多种。它的功能是调节光线、温度、声音和视线，同时具有很强的装饰性
家具蒙面织物	包括：布、灯芯绒、织锦、针织物和呢料等。功能特点是厚实、有弹性、坚韧、耐拉、耐磨、触感好、肌理变化多等

续表

类别	内容、功能、特点
陈设覆盖织物	包括：台布、床罩、沙发套（巾）、茶垫等室内家具和陈设品的覆盖织物。其主要功能是发挥防磨损、防油污、防灰尘的作用，同时也起到空间点缀的作用
靠垫	包括：坐具、卧具（沙发、椅、凳、床等）上的附设品。可以用来调节人体的坐卧姿势，使人体与家具的接触更为贴切，同时其艺术效果也不容忽视
壁挂	包括：壁毯、吊毯（吊织物）。其设置根据空间的需要，有助于活跃空间气氛，有很好的装饰效果
其他织物	包括：天棚织物、壁织物、织物屏风、织物灯罩、布玩具；织物插花、吊盆、工具袋及信插等。在室内环境中除了实用价值外，都有很好的装饰效果

资料来源：陈易，陈永昌，辛艺峰.室内设计原理［M］.北京：中国建筑工业出版社，2006：133

随着科学技术的发展，织物的性能不断提高，新型品种越来越多，在质感、装饰效果、燃烧性能等方面都有了明显改进，为室内设计师提供了更多的选择。在地下建筑空间中运用织物，一定要注意其防火性能，满足防火规范的要求。

2. 织物与空间设计

织物具有可变性、重量较轻、图案色彩丰富，设计师非常偏爱利用织物限定空间和装饰空间。图3-42为传统洞窟石刻中显示的通过织物（帐幔）围合空间的场景。

图3-43通过一件中国古代服装作为室内空间的重点装饰，不落俗套，颇有新意。图3-44则通过织物的图案和色彩，凸显了当地的地域文化和民族特点。

▲ 图3-42　传统洞窟石刻中显示的通过织物（帐幔）围合空间的场景

资料来源：陈申源，陈易，庄荣.陈设·灯具·家具设计与装修［M］.上海：同济大学出版社，香港：香港书画出版社，1992：60

图3-43　织物成为装饰空间的重点 ▶

资料来源：陈申源，陈易，庄荣.陈设·灯具·家具设计与装修［M］.上海：同济大学出版社，香港：香港书画出版社，1992：67

图3-45在巨大的空间中通过织物伞罩限定出温馨的小空间，织物成为限定空间的元素。图3-46是一巨大的中庭空间，设计师采用织物制成的软雕塑，那优美的线条如少女翩翩起舞，多变柔和的曲线软化了空间，改善了中庭的空间感，消除了人们"坐井观天"的感受。

▲ **图3-44　通过织物的图案和色彩表现地域文化**

资料来源：陈申源，陈易，庄荣.陈设·灯具·家具设计与装修［M］.上海：同济大学出版社，香港：香港书画出版社，1992：81

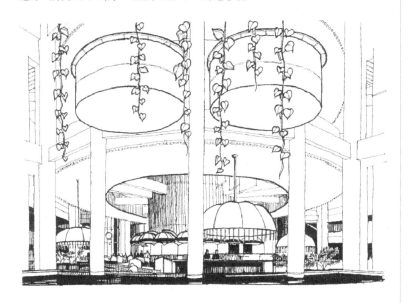

◀ **图3-45　织物伞罩成为限定空间的元素**

资料来源：陈申源，陈易，庄荣.陈设·灯具·家具设计与装修［M］.上海：同济大学出版社，香港：香港书画出版社，1992：78

3.3.3　陈设

陈设很难具有明确的定义，包括的范围很大，可以认为：室内空间中除了家具、织物、绿化、标识、灯具之外，带有装饰性的物品都可以归为陈设。陈设大致可以分为两类，即：功能性陈设和装饰性陈设。前者具有一定的使用价值，同时也有装饰性，如：售货亭、售货机、废物箱、饮水器、烟灰缸、器皿、玩具、电器等；后者主要以装饰性为主，具有较强的精神功能，如：绘画、雕塑、壁画、各类工艺品等。

1.陈设的选择

陈设种类很多，不同的陈设具有各自不同的选择标准，但总体而言，选择陈设时需要考虑以下原则。

（1）需要满足功能的需要。对于功能性陈设，首先必须符合使用的要求，达到相关的行业标准。即使对于装饰性陈设，也要考虑便于制作、便于安置、便于维护、价廉物美等要求。

（2）需要考虑所处室内空间对陈设品的要求。必须考虑陈设品的大小、色彩、形状、风格与所处室内空间的关系，

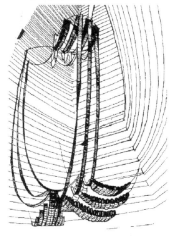

▲ **图3-46　织物制成的软雕塑成为调整空间感和装饰空间的重要手段**

资料来源：陈申源，陈易，庄荣.陈设·灯具·家具设计与装修［M］.上海：同济大学出版社，香港：香港书画出版社，1992：81

陈设品既可以作为室内空间的装饰重点，处于突出的位置；也可以作为普通的装饰，处于一般的点缀位置。

（3）需要考虑周边环境的需要。陈设品不但需要满足所处室内空间的要求，而且要满足周边大环境、乃至地域文化对其的要求。不少地铁车站中的艺术品，就采用与地面建筑有关的主题。如巴黎地铁维赫纳站（Varenne）采用了艺术大师罗丹（Auguste Rodin，1840—1917年）的雕塑——思想者（Rodin's The Thinker）、巴尔扎克（Honoré · de Balzac，1799—1850年）作为陈设品，不但装饰了地铁车站，增加了车站的艺术气息，而且显示了地面建筑中就有罗丹艺术馆。图3-47是西北窑洞内常用的陈设品，充分反映了西北地区的地域文化。

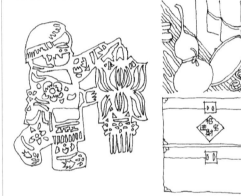
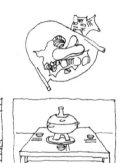

图3-47 窑洞内常见的陈设品具有浓郁的地域文化特点
资料来源：作者改绘

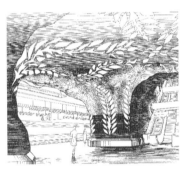

▲ 图3-48 地铁车站内具有自然气息的壁面装饰

资料来源：张绮曼，潘吾华.室内设计资料集2［M］.北京：中国建筑工业出版社，1999：374.

▲ 图3-49 地铁车站富丽堂皇的壁面装饰

资料来源：张绮曼，潘吾华.室内设计资料集2［M］.北京：中国建筑工业出版社，1999：375.

2. 陈设品的布置方式

陈设品的布置原则是：首先，要采用适合陈设品布置的布局方式，不同的陈设品有不同的布置方式，要采用最恰当的方式进行布局；其次，要突出重点，有主有次，要符合形式美的原则；此外，还要考虑人们的观赏习惯。

陈设品的布置方式主要有：壁面布置、橱架布置、地面布置、台面布置、悬挂布置。可以根据不同空间、不同陈设品的情况采用相应的方式。

（1）壁面布置是一种常见的方式，适合于绘画、壁画、书法、照片、挂盘、个人收藏品等物品，可以起到丰富侧界面的作用。图3-48的地铁车站采用了壁画，植物图案给旅客带来了一丝自然气息，同时也丰富了车站的视觉景观。图3-49的地铁车站则采用了装饰性柱头和顶部壁饰，富丽堂皇。

（2）橱架布置常见于商店、办公室、居室等处，适合于书籍杂志、陶瓷作品、古玩、工艺品、奖杯、纪念品等，往往是一些体积较小的物品。采用橱架布置有利于形成整齐有序的视觉效果，中国传统的博古架就是典型的橱架展示方式，图3-50是北京故宫内的多宝格。

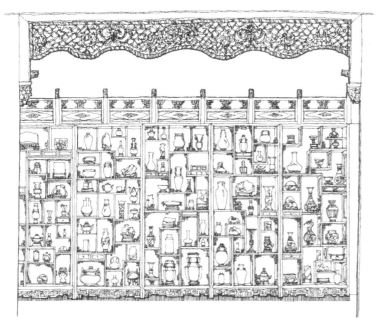

◄ 图3-50　北京故宫内的多宝格

资料来源：张绮曼，郑曙旸.室内设计资料集［M］.北京：中国建筑工业出版社，1994：163

（3）地面布置适合于一些功能性较强、尺度较大、较重的陈设品，如：售货亭、售货机、废物箱、饮水器、雕塑品等。图3-51为巴黎某地铁车站候车厅内的雕塑品。

（4）台面布置适合于一些体积较小的陈设品，如：盆景、工艺品、烟灰缸、器皿、玩具、电器等等，布置十分自由，要特别注意宁精勿滥，陈设品不宜过多，要经过选择，突出重点。

（5）悬挂布置不占地面面积，有助于调整空间感，在不少室内空间中也经常采用，如图3-46中的软雕塑就采用了悬挂的方式。

▲ 图3-51　巴黎某地铁车站候车厅内的雕塑品

资料来源：庄荣，吴叶红.家具与陈设［M］.北京：中国建筑工业出版社，1996：120

3.3.4 绿化

室内空间中的绿化一般包含：植物、水体以及相关的附属物品，它们具有特殊的功能，不但能够装点环境、陶冶情操，而且更重要的是可以满足人们向往自然的心理需求，因此在地上建筑空间和地下建筑空间中，植物和水体都是非常受人欢迎的元素。特别是随着现代科学技术和工程技术的发展，在地下建筑空间中使用植物和水体已经逐渐普遍。

1. 植物

用于室内空间的植物以绿色植物为主，随着结构技术、空调技术、照明技术、种植技术的发展，在室内空间使用植物已越来越普遍。

1）植物的功能

众所周知，植物具有很多独特的功能：

（1）绿色植物能够提供氧气、吸收二氧化碳，有助于改善室内环境。

（2）植物可以吸收一定量的噪声。植物的每片树叶都可以看作小小的吸音板，树冠的空隙也有一定的吸音作用，因此可以通过树木来吸收一些噪声。

（3）植物可以遮挡视线。植物可以遮挡大量需要隐蔽的物件，而且同时可以形成富有特色的景观效果。

（4）植物可以遮挡光线，提供阴影、防止强光和眩光。

（5）植物还有限定空间的作用，而且这种限定容易创造千变万化的空间形态，给人以自然、柔和的效果。图3-52显

图3-52 绿色植物强化对空间的围合限定 ▶

示绿色植物结合建筑构件，强化了空间围合限定；图3-53通过植物丰富中庭空间层次，调增空间感；图3-54的植物强化了对人流的引导作用；图3-55的植物则起到了点缀环境和填补剩余空间的作用。

◀ 图3-53 植物丰富了空间层次，调整了空间感

◀ 图3-54 植物强化对人流的导向作用

▲ 图3-55 植物的点缀作用

2）植物的选用与布局

用于室内环境中的植物有诸多种类，表3-15简要做了介绍。

表3-15　　　　　　　　　　用于室内空间中的植物

类　型	种　类	特　点
自然生长的植物	观叶植物	自然生长的植物具有真实感，但一般需要考虑日照、温度、湿度、通风、土壤等条件，养护成本较大。在室内空间中，一般依靠空调、人工照明、营养土等方式满足植物的需求。 在进行布局时，要考虑到植物及土壤的荷载，事先应该与结构工程师协调
	观花植物	
	观果植物	
	藤蔓植物	
	闻香植物	
	水生植物	
	室内树木	
人工仿真植物	有各种种类	成本较低，有较广的应用范围。可以与自然植物结合使用，既降低成本，又容易形成真实感

用于室内空间的植物应无毒性、无刺、易养护，且以耐荫植物为多，其色彩、大小、形态等都应该与所处的环境协调。在布置时，既可以采用盆栽的方式，也可以与建筑构件结合，甚至可以与水体、山石等一起组成室内花园（图3-56），可谓形式多样。

图3-56　广州白天鹅宾馆的室内花园

资料来源：杜汝俭，李恩山，刘管平.园林建筑设计［M］.北京：中国建筑工业出版社，1986：406

2. 水体

水在室内空间中一般以静水、流水、落水、喷水等几种方式出现。在设计中，常常综合这几种形式，运用水体的隔离、阻止等功能限定空间；运用水体的流动和声响来贯通空间、引导人流；运用水体的形态来柔化、美化空间。

1）静水和流水

静水和流水一般只能形成空间的底界面，前者为静态的水体，后者为动态的水体。

静水可以给人以平静感，容易令人沉思；静水会产生倒影，有扩大空间的感觉；静水中可以养植水生植物和水生动物，形成有趣的水景观。

流水具有形态和声响上的变化，形态上可以是涓涓细流，也可以是湍急河流；听觉上可以是潺潺流水，也可以是哗哗流水。可以充分运用水体的形态和声响来表现特有的空间气氛和性格。

2）落水和喷水

落水和喷水则可以形成空间的侧界面，前者为自上而下的水体，后者为自下而上的水体。

落水可以凭借水体的自重倾泻而下，类似自然界中的瀑布，形成自然而有动态效果的侧界面；也可以在侧界面上（往往有一定倾斜度）缓缓流下，形成平和的落水效果。

喷水又称喷泉，它既可以是单个喷泉，也可以组成喷泉群；喷泉既可以设置在水中，也可以平时隐藏起来，直接设置在硬地上（旱地喷泉）。近年来，随着技术的进步，喷泉的品种有了很大的发展，常常与喷雾、灯光、音乐等相结合，形成美丽的空间视觉焦点，喷泉群还可以作为垂直界面而形成奇特的喷泉空间；同时，通过电脑技术控制的喷泉可以形成美妙而奇特的效果。

在内部空间设计中，常综合利用喷水、落水、流水和静水等各种手法，组成多种水景供人们品味观赏，具有很高的欣赏价值。如图3-57—图3-59所示。

3.4 地下建筑空间导向与标识物

众所周知，相对于地上空间，地下建筑空间往往比较封闭、缺少空间参照物、缺少自然元素，因此，人们在地下空间中非常容易迷失方向，随之产生紧张、恐慌等不良心理感受，一旦发生灾害事故，容易造成人员和财产的重大损失。即使在平时，也容易产生迷路、失去方向感等现象，不利于

▲ 图3-57　楼梯底部的小瀑布利用了空间，点缀了环境

▲ 图3-58　垂直面上的瀑布起到了加强上下空间联系的作用

资料来源：陈申源，陈易，庄荣.陈设·灯具·家具设计与装修［M］.上海：同济大学出版社，香港：香港书画出版社，1992：114

▲ 图3-59　大型空间中的水景

资料来源：张绮曼，郑曙旸.室内设计资料集［M］.北京：中国建筑工业出版社，1994：268

高效使用地下建筑空间。所以，地下建筑的空间导向研究就显得尤为重要。国内外学者在地下空间的导向研究方面已经取得了不少成果，提出了一系列建议。这些建议大致集中在两个方面，即：空间特征和标识物。

3.4.1 空间特征

学者们的研究表明："在地下公共空间中的寻路清晰度受标识和环境熟悉度的很大影响，空间特征和导向性次之。"[①]尽管标识系统对空间导向具有决定作用，但由于空间特征更加依赖于建筑设计和室内设计，因此有必要首先加以介绍。在一般情况下，空间特征主要涉及与地上空间的关联、简洁的平面布局、空间的差异性、出入口等。[②]

1. 与地上空间的关联

人们在地上活动时，很容易通过周围环境、自然元素、城市地标等元素确定自己的方位，但是一旦进入地下，往往无法依赖上述元素进行判断，这是人们遇到的主要问题。因此，在地下空间的整体规划中应该尽量做到地上地下一体化设计，尽可能通过下沉广场、出入口、天窗、高窗等各种设计手段，将地下建筑空间与地上元素结合起来，建立多方位的联系（如：视线联系、空间联系等），使人们容易判断自己的位置，同时，也易于消除地下空间的封闭感。

2. 简洁的平面布局

按照心理学的研究成果，人们不仅对平面图形的认知有简化和完整化的倾向，对三度空间的立体形象认知也有简化和完整化的倾向。美学研究已经指出："一个成85°或95°的角，其多于或少于直角的那个度就会被忽略不计，从而被看成一个直角；轮廓线上有中断或缺口的图形往往自动地被补足或完结，成为一个完整连续的整体，稍有一点不对称的图形往往被视为对称的图形等。"[③]这一结论告诉我们，在布局中的有些变化从心理认知的角度而言其实是没有必要的。

---

① 米佳、徐磊青、汤众：《地下公共空间的寻路试验和空间导向研究——以上海人民广场为例》，《建筑学报》2007年第12期。
② 同上，第70页。
③ 夏祖华、黄伟康：《城市空间设计》，东南大学出版社，1992，第30页。

学者们的实地调研也发现："在地下空间的寻路中，人们倾向于沿着较长较宽敞，视线较通畅的道路行进。……对于线性地下空间，在主次通道区别明显的情况下，选择次通道的人很少，次通道的使用率很低。"对于转弯，实地调研发现："在地下空间中人们进行了3次转弯后，方向感会明显下降，在进行了5次转弯后，方向感会几乎丧失。"[①]

从上述心理学的研究可以得知：地下建筑空间的平面布局，应尽量采用形态简洁的平面形式、逻辑清晰的空间构图、引导明确的交通流线，尽可能减少人们的误判。

3. 空间的差异性

学者们的实地调研发现："空间特征差异对于人们认知空间和寻找目的地具有很大的帮助。空间特征比图形信息特征作用明显，而空间特征中建筑特征比店铺特征作用明显。因此在进行建筑设计时应首先考虑运用建筑空间的变化，来塑造有助于人们寻路的空间差异。"[②] 上述研究结论告诉我们：在空间转折、空间转换、交通流线变化等节点处，应该强化空间的差异性，为人们寻路提供帮助。而且，这些差异性节点应该具有一定的方向性，间距在视觉可达范围内，便于在一个节点处能感受到下一个节点的存在。

4. 出入口设计

地下建筑空间的出入口是联系室内室外、地上地下的重要节点，需要进行重点设计。出入口设计可以充分借鉴地上环境的各类元素，如：周围标志性建筑、下沉广场、绿化、地形、艺术品等，使之具有识别性，方便人们辨识自己的方位。

出入口设计的详细内容可以参见本书第2.2节。

3.4.2 标识系统

随着规模的扩大和功能的复杂，现代建筑已经越来越离不开标识系统。完善的标识系统有助于人们快速到达目的地，大大提高空间使用效率和时间效率，同时有助于提高劳动生产率，发挥安全疏散、减少事故、甚至挽救生命的作

① 米佳、徐磊青、汤众：《地下公共空间的寻路试验和空间导向研究——以上海人民广场为例》，《建筑学报》2007年第12期。
② 同上，第70页。

用。精心设计的标志系统往往还能起到美化环境、丰富空间的作用。

广义而言，各类能够提供信息的物体（有形或者无形）都可以看作标识物，标识物的核心是事物意义的指代和交流。在不同的文献中，标识系统往往有不同的称呼，如：导向系统、信息陈设、标志、指示牌等，尽管这些称呼的侧重点有所不同，但其核心内容是相同或相近的。表3-16是标识系统的大致分类。

表3-16　　　　　　建筑物中常见的标识系统分类

		表现手段	特　　点
视觉的	造型	文字	视觉标识物表达清楚，不易认错，使用范围广。但对于视觉障碍者不起作用。 文字运用要考虑到使用不同语言人群的情况；图像选择要考虑到典型性和大众性
		图像	
	光线	信号灯	
		霓虹灯	
	动作	手语、体态语、旗语	
		表情	
	自然	绿化等	
听觉的	声	语言	听觉标识物有强制性，但对于听觉障碍者不起作用
	音	信号音、警报、音乐	
触觉的	凹凸	盲文、盲道	主要服务于视觉障碍者
嗅觉的	气味	香味	作用相对较弱

1. 标识物的原则

标识物首先应该易于理解，可以充分为人们提供所需的信息，使人们不需询问也可以依照它的指引到达目的地；其次，标识物既要考虑国际化的要求，又要满足地域性的要求，同时还要考虑便于老年人、残疾人使用；此外，标识物要达到功能与美观的统一。具体而言，标识物应具备以下原则：

（1）单纯性。用最简单朴素的视觉形式来表现空间环境信息，增强标志画面的可理解性。

（2）明晰性。标志画面的设计要鲜明、清晰，文字、图形大小要与真实的视认环境的尺度相协调。

（3）连续性。导向系统必须是一种完整的闭合系统，标志与标志之间通畅相连，要有合理必要的重复。

（4）统一性。导向系统在本体造型、表现形式、色彩、字体等方面要统一，使人能够直观认识这个标志系统。

（5）系统性。导向系统总体逻辑关系的合理性、有效性。[①]

2. 标识物的种类与特点

在大部分情况下，人们主要依靠视觉标识物，建筑中常见的标识物可以分为以下几类（表3-17），它们位于空间的不同位置，发挥不同的作用，保证建筑功能的正常、高效发挥。表3-18是设置在地铁车站内的常见标识物，可供参考。

表3-17　　　　　建筑标识物的基本种类

建筑导向标志种类	特　点
总体导向标志	总体导向标志要能够清楚无误地表现建筑物内、外部各个不同功能空间的相互位置、场所、来访者现在所处地点、交通联络方法（电梯、楼梯）等。通常用建筑物的平面图来表示，也有直接用建筑模型来表现，一般设置在建筑物的主要出入口
各楼层平面导向标志	与总体导向标志相同，但标记范围方面只局限于本楼层
诱导标志	为了帮助来访者顺利达到目的地的标志，通常设置在总体导向类标志与名称标志之间的，一般设置在两个不同空间的相接处，如在道路的交叉口、转弯处或者楼梯口和电梯间内部
名称标志	是标志中最基本的设计内容，用于表示目的地建筑空间名称，如：会议室、餐厅等
说明标志	是空间内拥有的机器设备、特定室内外空间用途、动植物生态特点等的介绍、说明性质的标志
限制标志	对来访者的行为进行规劝、限制、警告、禁止的标志，如："游人止步""禁止吸烟"等

资料来源：赵郧安.环境信息传达设计——Sign Design［M］.北京：高等教育出版社，2008：54-55.

表3-18　　　设置在地铁车站内的常见标识物

项目名称	信 息 内 容	设置位置	安装方式	表达方式	备　　注
城市地图	各地铁线路和主要公交线路的城市地图	公共区明显位置	壁装或独立安装	图形、文字	—
线路图	各站可换乘的公交线路	公共区明显位置	壁装或独立安装	图形、文字	—

---

① 赵郧安编著：《环境信息传达设计——Sign Design》，高等教育出版社，2008，第53页。

续表

项目名称	信 息 内 容	设置位置	安装方式	表达方式	备 注
综合平面	公共区整体构成、设施位置及与城市关系，标明出入口、所处位置等信息	公共区明显位置	壁装或独立安装	图形、文字	—
分层局部平面	各层的设施内容与所处位置	各层公共区明显位置	壁装或独立安装	图形、文字	用于大型换乘站、交通枢纽等复杂地铁车站
水平引导	主要水平动线引导	公共区动线分叉处及设施所在位置	吊装、壁装或地装	图形、文字	单面或双面
垂直引导	上下层构成内容和垂直动线引导	上下层垂直动线分叉处	吊装、壁装或地装	图形、文字	单面或双面
紧急疏散口方向	紧急疏散口方向位置	必要处	吊装、壁装或地装	图形、文字	单面或双面
设施名称	设施名称（如：厕所、消火栓、楼电梯等）	主要动线上、设施位置	吊装、壁装	图形、文字	单面或双面
紧急出口灯	紧急出口位置	疏散楼梯口、出入口	壁装	文字	单面
警示标志	禁止入内、禁止吸烟、小心触电等	必要处	吊装、附墙附门	图形为主	单面
组合屏幕	滚动广告和旅客动态	进出大厅	吊装、壁装	图形、文字	用于大型换乘站、交通枢纽等复杂地铁车站
广告	商业或公益广告	公共区	壁装	图形、文字	根据设计决定
多媒体信息查询	各类信息	公共区	壁装、地装、独立安装	互动方式	用于大型换乘站、交通枢纽等复杂地铁车站
车辆信息	达到、发车信息	—	—	广播	

资料来源：颜隽.车站意象——地铁车站内部环境设计初探［D］.上海：同济大学，2002：46-47.

从标识物的设置形式来看，有平面式和立体式两类。平面式设置方便，一般不占空间，易于制作，使用较多，具体形式有：张贴式、悬挂式、屏风式（图3-60—图3-62）；立体式个性突出，易于给人较强的冲击力，但常常需要占有一定的空间，具体形式有：几何式、构架式、雕塑式等（图3-63—图3-65）。随着计算机技术、多媒体技术的发展，在很多场合已经开始使用计算机屏幕进行显示。

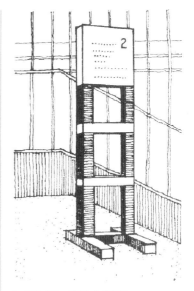

▲ 图3-64　构架式标识物

　　资料来源：作者改绘

▲ 图3-60　张贴式标识物

　　资料来源：作者改绘

▲ 图3-61　悬挂式标识物

　　资料来源：作者改绘

▲ 图3-62　屏风式标识物

　　资料来源：作者改绘

▲ 图3-63　几何形体式的标识物

　　资料来源：作者改绘

▲ 图3-65　具有雕塑感的标识物

　　资料来源：作者改绘

　　3. 标识物设计与选择

　　标识物设计具有较强的专业性，一般由视觉传达设计或相关专业的人士负责设计。建筑设计及室内设计人员应该与之配合，提出相应的要求，使之既符合标识物的要求，又符合室内空间的需求，取得完整的整体效果。

　　1）位置

　　标识物一般位于人流集中、分流、短暂停留休息、容易

▲ 图3-66　设置在地面上的标识

资料来源：张绮曼，潘吾华.室内设计资料集2［M］.北京：中国建筑工业出版社，1999：440

注目的位置，如：出入口、转弯处、交叉口、休憩场所等。同时要考虑背景较为简单，以便减少视觉干扰，易于识别。

标识物的高度一般位于人站立时视平线以上的范围之内，但也有些标识物设置在地面，这在地下交通空间中尤其常见，图3-66就是设置在地面上的标识物。标识物周围的照明也需考虑，可以通过直接照明、自身照明、反光显示等方法让人一目了然。

标识物的布置间距对寻路也有影响，目前各地对此有不同的规定。日本的规定是：导向标识连续设置时的间距与视距密切相关，一般为40~50m，当距离超过20m但不足40m时，采用贴附式导向标识（辅助性导向标识）补充。台湾的规定是：导向标识连续设置时的间距为50m，当距离超过30m但不足50m时，一般用贴附式导向标识用以补充。上海的规定是：通道换乘的，在换乘通道上每隔30~40m应设置导向标识，标明换乘线路及线路走向。[1] 也有学者通过研究指出：以正向布置为主的标识牌密度，20m左右的标识密度比10m以下和60m以上的密度更有助于寻路效率。[2]

2）色彩

标识物的色彩选择非常重要，一般强调文字、图像与背景的对比效果，表3-19显示了色彩与辨认距离的关系。同时，也要注意色彩的约定俗成，尽量不要违反，如：红色代表禁止或警告、黄色代表小心注意、绿色代表安全等。

表3-19　色彩与辨认距离关系

底色	文字色	最大辨认距离/m	底色	文字色	最大辨认距离/m
黄	黑	114	绿	白	104
白	绿	111	黑	白	104
白	红	111	黄	红	101
黑	黄	107	红	绿	90
白	黑	106	绿	红	88
红	白	106	黄	绿	84

资料来源：陈申源，陈易，庄荣.陈设·灯具·家具设计与装修［M］.上海：同济大学出版社，香港：香港书画出版社，1992：135

---

[1] 徐磊青、张玮娜、汤众：《地铁站中标识布置特征对寻路效率影响的虚拟研究》，《建筑学报》，2010年第1期。

[2] 同上，第4页。

3）其他

标识物一般采用比较简洁的外形，便于人们快速感知。在现实生活中，大量的标识物采用矩形或者方形。标识物使用的制作材料也很多，可综合考虑防火、耐用、制作方式、价格等因素后决定。图3-67是常见的标识示例。

◀ **图3-67 常见标识示例**

资料来源：张绮曼，郑曙旸.室内设计资料集［M］.北京：中国建筑工业出版社，1994：233

3.5 地下建筑空间光环境设计

光是建筑设计和室内设计中非常重要的元素，除了满足物理要求（视觉、健康、安全等方面）外，还需要充分考虑人的心理和情绪需求。光环境设计非常专业，需要经过专门的训练才能成为合格的光环境设计师，本书第2章中介绍了一些光环境设计中的技术要求，这里则简要介绍地下建筑空间光环境设计中的艺术要求，对于创造良好的室内环境具有重要作用。

3.5.1 光线的种类

光线包括天然光和人工光，要正确地运用它们，必须了解它们的特点。

1. 天然光

天然光是最受人们欢迎的光线，这是因为：首先，天然光清洁无污染，减少了照明能耗；其次，天然光可以形成比人工照明系统更健康和更积极的工作环境，而且比任何人工光源都能最真实地反映出物体的固有色彩，比人工光具有更高的视觉功效；此外，天然光丰富的变化有利于表现空间的变化，如：直射阳光为空间环境创造出丰富的光影变化，柔和的天空漫射光能细腻地表现出空间各部分的细节和质感变化，等等。

天然光的利用可分为被动式和主动式两类。被动式采光法是直接利用天然光，就建筑物而言，主要有侧窗采光（在浅埋的地下建筑空间内，可以采用高侧窗）和天窗采光两大类。主动式采光法则是利用集光、传光和散光等设备与配套的控制系统将天然光传送到需要采光部位的方法。这种方法由人控制，人处于主动地位，故称为主动式采光法。表3-20显示了地下建筑空间中常见的几种运用天然光线的方法。

表3-20　　　地下建筑空间中常见的几种运用天然光线的方法

侧窗和天窗采光	天窗采光示意	光线的引入、反射、折射等

2. 人工光

尽管与天然光相比，人工光存在着种种不足，但在满足不同光环境要求，以及在光源和灯具品种的多样性、场景设计的多变性、布光的灵活性、投光的精确性、文物和艺术品保护等方面有着不可替代的优势。在地下建筑空间，主要依靠人工光。人工光的常用光源主要包括：白炽灯、荧光灯、高强气体放电灯（HID灯）、发光二级管（LED），近年来光纤、激光等新型光源也开始运用在室内外环境中。各类光源的详细内容已在本书第2章作了介绍，这里不再重复。

3. 天然光与人工光的结合

天然光与人工光的结合是今后光环境设计的主要发展方向，也是体现低碳环保理念的重要措施之一。对于地下建筑空间，特别是埋深较浅的地下建筑空间而言，要尽可能引入和利用自然光，满足人们渴望自然的心理需求。图3-68就是将自然光作为候车大厅的主要光线来源，局部采用灯具补充照明，达到天然光与人工光的结合。图3-69为日本某地下步行街通过在车行道中间设置采光井而给地下步行街引入天然光线。

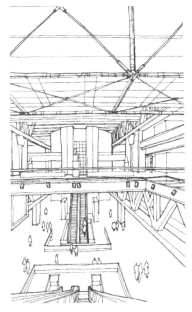

▲ 图3-68　自然光与人工光结合的候车大厅

资料来源：张绮曼，郑曙旸.室内设计资料集［M］.北京：中国建筑工业出版社，1994：258

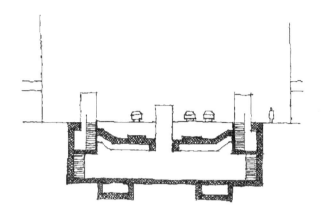

3.5.2 光线的艺术运用

光线的艺术运用除应充分了解各种光源、灯具的特性外，还应对被照明空间的性质、被照对象特点、设计风格、环境要求等进行深入了解，巧妙安排照明场景，选用合适的灯具和光源。光环境的设计构思、设计手法、照明器具都应与空间设计的整体构思相协调，通过对光的艺术化运用，充分利用光的表现力，达到强化设计主题的目的。

1. 空间的亮度分布

对任何空间进行照明设计时，首先应对其进行照明区域划分，然后按其使用要求确定各区域的相对亮度，最后再决定各区域具体的照明方案。主要的照明区涉及以下几个区域。

1) 视觉注视中心区

视觉注视中心区是一个特定光环境中最突出的区域，其照明主体通常是该空间中设计师欲引人注目的部分，如：室内空间中富有特色的雕塑、富有特设的陈设等。由于人们习惯于将目光投向明亮的表面，因此，提高这些照明主体表面的亮度，使之高于周边区域物体的亮度，可以吸引人们的眼光。一般来说，该区域与周边区域的亮度对比越大，被重点照明的主体越突出。

2) 活动区

活动区是人们休闲、交流、工作、学习的区域，该区域的照明首先应满足国家照明规范中有关照度标准和眩光限制的要求；其次，为了避免过亮而产生视觉疲劳，该区域与周边区域的亮度对比不宜过大。

3）周围区域

整个光环境中亮度相对最低的区域。该区域的照明，首先要避免使用过多和过于复杂的灯具，以免对重点区域的照明形成干扰；其次应避免采用单一和亮度过于均匀的照明方式，打破单一的照明方式所带来的单调感，消除过于均匀的亮度所带来的视觉疲劳。

2. 阴影与立体感

在空间环境中，大部分物体都是立体的。正确运用光线，使之在物体上形成适当的阴影，是表现物体立体感和表面材质的重要手段。光线的强度、灯具的数量、配光的方式和光线的投射方向等在其中起着关键作用。

首先，光线应达到一定的数量和强度，才可能满足基本的照明要求。过暗的光线使物体表面的细节和质感模糊不清，不利于物体立体感的表现；过强的光线从物体的正面进行投射时，就会淡化物体的阴影，削弱物体的立体感。同时，过强的光线会形成浓重的阴影，使物体表面显得粗糙，不利于表现物体表面的质感。

其次，灯具的数量和配光方式对物体立体感的影响亦很大，例如，处在天然光环境中的物体，在晴天有直射阳光和天空漫射光两种光线对其进行照射：直射阳光会使物体形成浓重的阴影，塑造出物体的立体感；而分布均匀的天空漫射光可适当削弱阴影的浓度，细腻地反映出物体表面的质感和微小的起伏，使物体更加丰满和细致。因此，在阳光照耀下的物体立体感强，表面的质感和细部清晰，视觉效果良好。

在人工光环境中，仍需要这两种不同特点的光线，并使其相互协调。也就是说，灯具的数量至少应在两个（组）以上；窄配光的投光灯作为主光源，起着类似天然光中直射阳光的作用；宽配光的泛光灯具作为辅助照明，起着类似天然光中天空漫射光的作用。

光线投射方向的变化则可使物体呈现出不同的照明效果。研究发现，对于一个三维物体来说，它的各个面都需要一定的照度，但切忌平均分配，应分清主次，主要受光面的照度应略高于其他几个面，这样可以形成柔和、生动的视觉效果。

3. 色温与光色

正确选择光源的色温和光色也非常重要。低、中、高色温的光源可以分别营造出浪漫温馨、明朗开阔、凉爽活泼的光环境气氛，在设计中应该根据空间的性质来进行选择。例如，需要热烈气氛的空间，应以低色温的暖光（黄光）为主；需要提高工作效率的空间，应选择中到高色温的光源（白光）。本书第2章中的表2-9可供参考。

如果在同一空间中使用了两种以上不同的光源，就应对光源光色的匹配性进行认真的考虑，既可选用色温相近的光色，也可选用色温相异的光色。如果不同色温的光源数量接近，则反差不宜过大，以免产生混乱感，破坏整体气氛。

在有些场合，如：橱窗、表演台等处，可根据需要适当运用彩色光源，通过人工智能系统，进行场景变幻，形成动态的照明效果。在利用色光对物体进行投射时，必须注意色光的颜色应与被照物体表面的色彩匹配，避免物体固有色与色光叠加后变得灰暗。

4. 改善地下空间的视觉效果

对于地下建筑空间而言，可以通过光环境设计改善视觉效果。很多情况下地下建筑空间难以引入天然采光，因此常常在地下建筑空间室内设计中采用模拟自然光的设计手法，尽可能通过巧妙的设计手段，营造舒适的内部空间环境，弱化身处地下的感觉。表3-21总结了几种地下空间中常用的改善空间感的人工照明方式。

表3-21　　地下空间中常用的改善空间感的人工照明方式

	发光天棚模拟顶部阳光	发光墙体模拟室外窗户	照亮顶部、墙体，扩大空间感
特点	模拟均匀的天空扩散光的效果，如果配合调光设备，则光线可从温暖的暖色光，变成白光，乃至模拟夜晚的深色天空	可以模拟室外窗户的感觉，有扩大空间感的效果	为了节约投资，地下空间的高度往往不高，容易给人以压抑感，因此，常常通过泛光照明照亮顶部、墙体，扩大空间感
图示			

3.5.3 灯具选择

光环境设计必然涉及灯具，选择灯具首先应该满足照明的要求，其次需要兼顾灯具的形态，然后需要考虑低碳环保的要求。简要介绍如下。

1. 灯具照明方式

灯具的照明方式有5种：直接照明、半直接照明、漫射照明、半间接照明和间接照明。直接照明是指90%以上的光线直接向下照射的照明方式；半直接照明是指光源大部分直接向下照射、小部分向上照射的照明方式；漫射照明是指向上、向下的光线接近的照明方式；半间接照明是指大部分光线向上照射，小部分光线向下照射的照明方式；间接照明是指90%以上的光线向上照射，然后反射下来的照明方式。从节能来看，直接照明最好；但从空间的光影效果而言，其他几种照明方式也有优点。图3-70为不同灯具的特征和用途。

图3-70 灯具特征和用途
资料来源：作者改绘 ▶

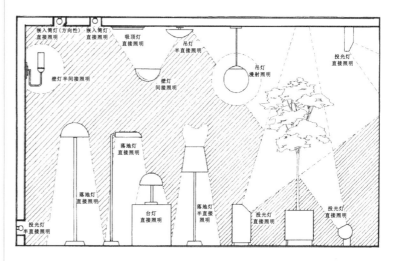

照明科技的发展日新月异，市场上的灯具种类繁多，琳琅满目。每年都有外观新颖、效率更高的各种新型灯具出现在市场上。这里仅介绍一些最常用的灯具，见表3-22。

表3-22　　　　　　常用室内灯具简介

灯具类型	安装部位	主要材料	特点
悬挂式灯具	悬挂在天棚	灯罩材料可采用织物、金属、玻璃、有机玻璃、经处理过的特制纸等制成	灯具的外观尺寸、材质、适配光源、悬挂的高度等变化很大，应根据具体情况进行选择

续表

灯具类型	安 装 部 位	主 要 材 料	特 点
吸顶式灯具	紧贴天棚安装	透光罩有透明、半透明、磨砂罩几种，透光材料可采用玻璃、有机玻璃、硬塑料、聚碳酸酯等多种材料	外观有圆形、正方形、三角形、矩形、条形、曲线形等多种几何形状，主要为室内场所提供一般照明和局部照明
嵌入式灯具	设在吊顶内，灯具发光面与天棚平或稍突出于天棚	—	为各类空间提供一般照明（一般采用下照灯，如筒灯）、泛光照明（如洗墙灯等，一般采用宽配光的泛光灯具）和强调照明（一般选用窄—中等配光灯具）
导轨灯具	由导轨和灯具两部分组成。导轨既可安装在吊顶表面，又可埋设在吊顶中，还可直接悬挂在吊顶下	导轨通常采用电镀防腐铝材制成，既支撑灯具，又为其提供电源。灯具可在导轨全长的任意位置安装，灯具可水平、垂直转动，以射灯为主	导轨灯具系统是高度灵活的照明系统，主要用于强调照明和墙面泛光照明，一般不用于室内一般照明
支架荧光灯具	悬挂安装或吸顶安装，一些支架荧光灯还配有长度可调的吊杆，适用于低、中等高度的空间	支架和灯具一体化，采用高纯阳极氧化铝、冲压铝或彩色钢板制成，注重灯具反射器效率	具有外观简洁、空间导向性强、效果明亮、安装方便、维护便捷的特点，特别适合用于一般照明
壁灯	紧贴墙面、柱面安装	灯罩材料有透明、半透明、磨砂等形式	装饰性强，主要为墙面提供一定的垂直面照度。壁灯高度应高于视平线，否则易产生眩光。同时，亮度不宜超过顶棚主灯具的亮度
落地灯	放置在地面	传统的灯罩常用半透明的织物纤维制成，以上、下开口形式最为普遍，如今灯罩常采用不锈钢和玻璃，光源选择范围也大大扩大	用于一定区域内的局部照明

续表

灯具类型	安 装 部 位	主 要 材 料	特　　点
台灯	放置在桌面	灯罩材料由不锈钢、玻璃、有机玻璃、硬塑料、聚碳酸酯、织物等材料制成，灯杆及底座材料由塑料、铸铁、不锈钢等制成	用于桌面局部照明，目前常使用节能型光源

表3-22介绍了内部空间中的常用灯具，除此之外，有时也会用到室外灯具，如：可以在高大的地下公共空间中使用一些庭院灯，在花坛和水池中可以使用草坪灯和水下灯等。总之，应根据具体情况灵活运用。

2.灯具的形式

选择灯具的形式除了照明方式等技术要求之外，还需要考虑所处空间的环境特征。灯具的形式需要与空间的使用功能、空间的尺度和氛围相匹配，灯具还可以作为内部空间的主要装饰。图3-71布置的灯具符合多功能厅的功能要求，在必要的时候可以作为舞厅使用；图3-72悬挂了用地方材料制成的灯具，符合风味餐厅的氛围；图3-73中的灯具强化了空间的导向性和装饰性；图3-74的灯具非常华丽，既丰富了空间，又有装饰作用，是空间的主角。

有时不但灯具，光源本身也可以成为空间的装饰主体。如图3-75中的光导体创造了独特的装饰效果。此外，经过设计的霓虹灯管亦可以成为空间装饰的主体，投影仪打出的图

▲ 图3-71　多功能厅中的灯具

资料来源：张绮曼，郑曙旸.室内设计资料集［M］.北京：中国建筑工业出版社，1994：252

图3-72　具有地域风格的灯具　▶

资料来源：张绮曼，郑曙旸.室内设计资料集［M］.北京：中国建筑工业出版社，1994：253

▲ 图3-73　灯具的空间导向作用和装饰作用

资料来源：张绮曼，郑曙旸.室内设计资料集［M］.北京：中国建筑工业出版社，1994：254

◄ 图3-74　华丽的大型水晶灯成为空间的主角

资料来源：张绮曼，郑曙旸.室内设计资料集［M］.北京：中国建筑工业出版社，1994：256

▲ 图3-75　光导体创造出特殊的效果

资料来源：张绮曼，郑曙旸.室内设计资料集［M］.北京：中国建筑工业出版社，1994：217

像也可以成为空间的趣味中心。

3.5.4　建筑化照明

在实际工程中，光源还可以与建筑构件结合，形成整体式的建筑化照明，这种方式往往简洁大方，具有很强的整体感，很受设计师的青睐。

图3-76是常见的室内顶部处理方式，可以与光源结合形成良好的空间效果。图3-77是采用发光顶棚的地铁车站候车大厅；图3-78是采用发光墙面作为主要照明手段的地铁车站站台层；图3-79中的照明与天花整体设计，随空间变化，整体感和空间导向感很强。图3-80则显示光源在顶面、侧面、底面连贯沟通，形成有趣的空间效果，光成为界面设计的元

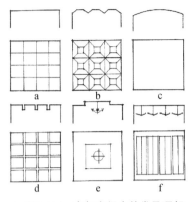

▲ **图3-76　内部空间中的常见顶部处理方式**

资料来源：陈易，陈永昌，辛艺峰.室内设计原理［M］.北京：中国建筑工业出版社，2006：160

图3-77　采用发光顶棚的候车大厅 ▶

资料来源：张绮曼，郑曙旸.室内设计资料集［M］.北京：中国建筑工业出版社，1994：258

图3-78　采用发光墙面的站台层 ▶

资料来源：张绮曼，郑曙旸.室内设计资料集［M］.北京：中国建筑工业出版社，1994：258

素之一。

　　光源还可以与一些建筑构件、装饰构件结合，例如，可以与楼梯踏步、扶手等结合，为人们上下交通提供照明，达到见光不见灯的效果，令人感到含蓄简洁。图3-81中的光源与建筑构件（楼梯踏步）结合，形成高科技的艺术效果。

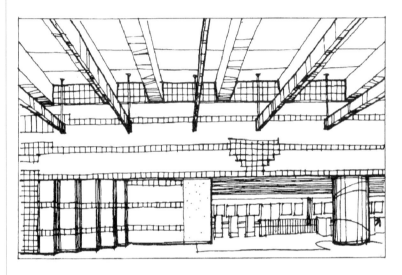

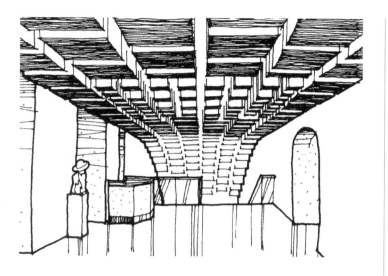

◄ **图3-79 照明与天花的整体设计**

资料来源：张绮曼，郑曙旸.室内设
计资料集［M］.北京：中国建筑工
业出版社，1994：256

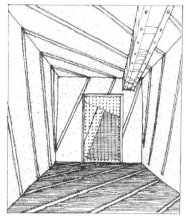

▲ **图3-80 光源在顶面、侧面、底
面沟通，形成特殊的空间效果**

资料来源：张绮曼，郑曙旸.室内设
计资料集［M］.北京：中国建筑工
业出版社，1994：218

◄ **图3-81 光源与金属楼梯踏步的
结合，形成高科技的艺术效果**

资料来源：张绮曼，郑曙旸.室内设
计资料集［M］.北京：中国建筑工
业出版社，1994：218

4 地下建筑空间室内设计案例

人类利用开发地下空间具有久远的历史，随着城市化进程的加速，人类利用地下空间的规模不断加大、速度不断加快。时至今日，世界各地在利用地下空间方面已经积累了丰富的经验，出现了不少地下建筑设计（含室内设计）的佳例，值得学习和借鉴。

4.1 传统窑洞及改造

窑洞是中国传统民居的代表之一，具有典型的地下居住建筑特点，是劳动人民长期智慧的结晶，蕴含着朴素的生态原理，值得当代设计师学习借鉴。

4.1.1 传统窑洞设计

窑洞是一种历史悠久的建筑类型，在相当长的时间内，是中原、西北黄土地区一种典型的民居类型。窑洞因地制宜、结合环境，常常表现出很多符合当今低碳设计原则的处理手法，至今仍有吸引力和生命力。

1. 窑洞的基本类型

中国的窑洞可分为3种基本类型，即：靠山式窑洞、下沉式窑洞和覆土式窑洞。

1）靠山式窑洞

靠山式窑洞直接依山靠崖挖掘而成，所需挖方较少，施工较为简便。按其所处的地形，有的靠山、有的沿沟，窑洞依山、靠崖、沿沟随等高线布置，多呈曲线型或折线型排列。根据山坡的大小、山崖的高低、沟谷的深浅，窑洞分布或一层排开或层层后退呈阶梯状布局。靠山式窑洞的前方，可直接沿路沿沟，视线开敞；也可辅以地面建筑或围墙，构成前院，从某种程度而言，类似坡地建筑。图4-1为典型的靠山式窑洞民居。

▲ 图4-1 靠山式窑洞外观

资料来源：张壁田，刘振亚.陕西民居［M］.北京：中国建筑工业出版社，1993：26

2）下沉式窑洞

在没有山崖、沟壁可用的平坦地带，只能就地挖下方形的地坑，形成四壁闭合的下沉庭院，然后再向四壁挖掘。这种方式，就是下沉式窑洞。下沉式窑洞有不少名称，在河南称为"天井院"，甘肃称为"洞子院"，山西称为"地窨院"、"地坑院"。下沉式窑洞的土方量比靠山式窑洞大，占地也较多。图4-2和图4-3就是下沉式窑洞的外观图和庭院内景。

3）覆土式窑洞

这种窑洞不是挖掘生土形成的，而是用砖石、土坯砌出拱形洞屋，然而再覆土掩盖。按所用材料的不同，分为土基窑洞和砖石窑洞两种类别。土基窑洞下半部仍保留原土体作为窑腿，上半部砌土坯拱或砖拱，然后再掩土夯实，做成平屋顶或坡顶。砖石窑洞也称锢窑，是以砖材或石材砌造整个独立的拱形洞屋，拱顶和四周掩土夯实。这种砖石窑洞可以四面临空，灵活布置，还可以造窑上房或窑上窑。图4-4即为覆土式窑洞外观。

2. 窑洞人居环境的特点

窑洞外观朴实，在空间尺度、平面组合、采光通风、排水排烟、防水防潮等方面都有较大局限，但仍有一系列符合当今低碳设计原则的有益经验。

1）节约土地

窑洞具有节约土地的功能。靠山式窑洞往往建造在山崖、沟壑边，这些地方一般难以耕种，用来建造窑洞充分利用了不利地形；下沉式窑除了下沉庭院之外，地面往往仍

▲ 图4-2 下沉式窑洞外观

▲ 图4-3 下沉式窑洞庭院内景

◄ 图4-4 覆土式窑洞外观

资料来源：张壁田，刘振亚.陕西民居［M］.北京：中国建筑工业出版社，1993：26

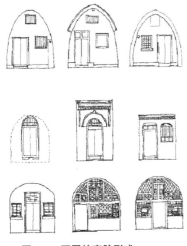

▲ 图4-5 不同的窑脸形式

资料来源：荆其敏.覆土建筑［M］.天
津：天津科学技术出版社，1988：161

▲ 图4-6 窑洞内景

▲ 图4-7 窑洞内的火坑和锅灶

资料来源：作者改绘

有一定的利用潜力。因此，窑洞节约了宝贵的土地资源，符合当今低碳设计、生态设计的原则。

2）土尽其用

窑洞地处中原地区和西北地区，土是那里最容易获得的材料。挖掘窑洞时，人们通过挖掘横向的券洞取得内部空间，最大限度地利用原状土体作为窑壁、窑顶。然后可以利用挖出来的原土，通过版筑作为院墙、隔墙，或打成土坯，砌筑洞口墙和火坑。黄土还可以用来做土台、土踏步、土照壁、土桌、土凳、土龛、土壁柜、土炉灶、土烟道、土鸡窝、土花池等土构件、土设备、土家具。多余的土还可以用于平整耕地，垫厩沤肥。真是土尽其用，充分体现了利用本地材料的原则，大大降低了内涵能量。如图4-5—图4-7所示。

3）冬暖夏凉

黄土具有良好的隔热、蓄热的双重功能。窑洞除小面积的洞口部位相对单薄外，其他各面全包裹在厚厚的土层中。厚实的土层所起的隔热作用使内部空间温度变化不大。黄土高原干旱地区的日温差虽然较大，但日温波动在厚层土中影响甚微。这些给窑洞带来了十分可贵的冬暖夏凉的物理环境。覆土式窑洞由于覆盖很厚的土层，也同样取得了冬暖夏凉的温度效应。因此，窑洞民居在技术条件十分简陋的情况下，获得了较好的内部热环境，有"天然空调"之称。

4）减法构筑

靠山式窑洞、下沉式窑洞是名副其实的地下建筑。它不同于一般地面建筑，不是采用投入建筑材料以构筑空间的"加法"方式，而是采用挖去天然材料以取得地下空间的"减法"构筑方式。实质上是以挖掘土方的劳力换取材料物力的消耗，这是对建筑材料的最大节约。由于黄土易于挖凿，一家一户的劳动力就有可能承担建造活动，因此窑洞的造价甚低，且不消耗自然资源，具有显著的经济性。

5）溶入自然

窑洞村落具有"上山不见山，入村不见村"的特点。靠山式窑洞只展露出小面积的洞口立面，下沉式窑洞的庭院和窑脸都下沉于地面之下。与一般地面建筑相比，在建造过程中不需要大量破坏当地的树木植被，建成后没有触目的外显建筑体量。整个窑洞群或是顺着梁峁沟壑的等高线布置，或是潜隐在大片土塬之下。它们最大限度地与黄土大地融合在一起，充分保持自然生态的环境风貌。无论是远观层层叠叠、依山沿沟的靠山式窑洞群（图4-8），还是俯视星罗棋布、虚实相间的下沉式窑洞群（图4-9和图4-10），都给人

◀ **图4-8 层层叠叠、依山沿沟的靠山式窑洞群**

资料来源：作者改绘

◀ **图4-9 星罗棋布、虚实相间的下沉式窑洞群**

资料来源：侯继尧，王军.中国窑洞［M］.郑州：河南科学技术出版社，1999：73

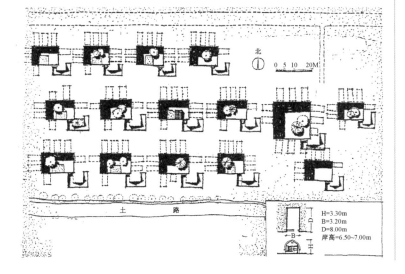

◀ **图4-10 下沉式窑洞群总平面图**

资料来源：侯继尧，王军.中国窑洞［M］.郑州：河南科学技术出版社，1999：73

一种天然、雄浑、极富韵律感的美。

以上这些特色表明：窑洞蕴含着朴素的低碳设计的理念，涉及节约土地、节约资源、节约能源、利用当地材料、保护生态环境、保持乡土特色等一系列当今推崇的设计原则，值得学习借鉴。

4.1.2　窑洞的当代改造

不可否认，传统窑洞也存在不少缺陷，比如，室内采光差、通风不良、潮湿等。近几年来诞生了一批采用传统营造方式、结合现代建筑技术的新窑洞民居实验。新窑洞民居不仅传承了传统民居的外部形态，保持了传统窑洞冬暖夏凉的优越品质，而且还在通风、除湿、新能源利用方面取得了进展，更好地改善了当地居民的生活质量。

图4-11—图4-13是西安建筑科技大学和日本理工大学组成的联合研究小组展开的新窑洞民居实验，力求使新窑居在保证传统窑居优良热工性能的基础上更适应现代生活的需求。联合小组针对窑洞建筑物理环境的缺陷，通过采用被动

图4-11　中日联合研究小组设计的新窑洞的一层平面图（左）和二层平面图（右）

资料来源：陈薇伊绘制

图4-12　新窑洞住宅的剖面图

资料来源：赵群，刘加平.地域建筑文化的延续和发展——简析传统民居的可持续发展［J］.新建筑，2003（2）：24，陈薇伊改绘

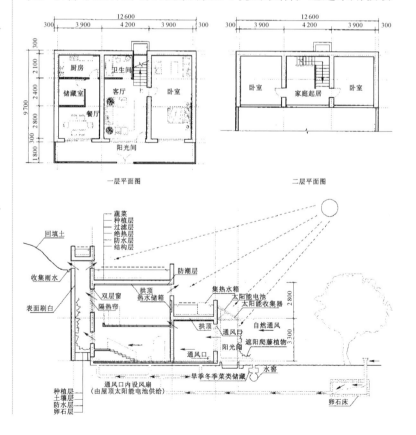

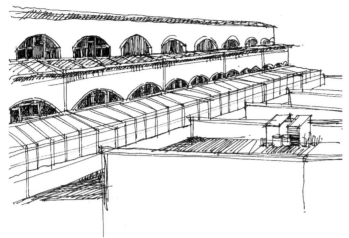

◀ **图4-13 新窑洞的外观效果**
资料来源：陈薇伊绘

式太阳能采暖技术、机械通风技术等来改善窑洞通风不良的
状况；针对其不适应现代生活方式的地方，设计并建造了两
层的新型窑洞，对室内空间组织做了很大的改进以适应现代
生活的要求；立面上配以使用现代材料的阳光间、太阳能集
热板，加上屋顶种植绿化，使得新窑居似窑似楼，颇具现代
气息，受到当地百姓的普遍欢迎。

设计中采取的改良措施有：

（1）在朝南入口方向设置进深约1.8m通长的玻璃阳光间
（被动式太阳能房），以加强冬季保温，屋顶设开启窗扇，
促进夏季通风散热。

（2）设置地下"隔污换气"自调节系统，利用室内排气
的余热（冷）对窑洞进行自然调整，通风口内设风扇加强通
风效果，风扇电源由屋顶太阳能电池提供。

（3）窑顶设有种植层、滤水层和隔排水层。种植层不仅
具有保温、隔热、蓄能和调节小气候等功能，还充分利用窑
顶增加了种植面积。在窑前、窑顶可设置太阳能温室，太阳
能火炕、锅灶等。

（4）在前院设置水窖。水窖是民间传统的贮水方式之
一，目前虽然居民给排水条件有所改善，但作为节水措施，
窖水可以用来浇园，亦可作为天旱时的补充。

（5）利用现代抗震技术措施，加强窑洞构造的防护。[1][2]

---

[1] 赵群，刘加平：《地域建筑文化的延续和发展——简析传统民居的可持续
发展》，《新建筑》，2003年第2期，第24~25页。

[2] 陈易，高乃云，张永明等：《村镇住宅可持续设计技术》，中国建筑工业
出版社，2013，第36~38页。

4.2　传统建筑地下空间改造

传统建筑地下空间改造是一很有趣的领域，世界各地都有成功的实例。以欧洲为例，欧洲有大量传统建筑，至今保存完好，仍在发挥使用功能。不少传统建筑都有地下室，以前往往作为储藏空间使用。但是随着时代的发展，储藏作用逐渐淡化，有必要对地下空间进行改造，使其发挥正常的使用功能。

4.2.1　法国乌西纳—萨西勒会议中心

法国乌西纳—萨西勒会议中心（Usinor-Sacilor Conference Center）是一个非常有趣的利用传统建筑地下空间的案例。原有的建筑是一幢城堡，位于巴黎近郊。考虑到在地面增加面积和体量容易破坏原有建筑的尺度、破坏原有和谐的环境氛围。设计师经过深思熟虑之后，采取了在地下扩展空间的策略。

建筑师提出了"玻璃盘子"的概念，结合原有建筑的地下室，扩大地下空间，在地下布置了一个200座左右的会堂，如图4-14—图4-23所示。而在地面，则采用了玻璃地面，

图4-14　建筑模型图　　　▶

资料来源：袁逸倩，张丽君，杨芸译，袁逸倩校.世界建筑大师优秀作品集锦——多米尼克·佩罗［M］.北京：中国建筑工业出版社，南昌：江西科学技术出版社，2001：146

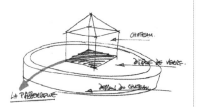

▲　图4-15　建筑构思草图，反映出"玻璃盘子"的构思理念

资料来源：袁逸倩，张丽君，杨芸译，袁逸倩校.世界建筑大师优秀作品集锦——多米尼克·佩罗［M］.北京：中国建筑工业出版社，南昌：江西科学技术出版社，2001：149

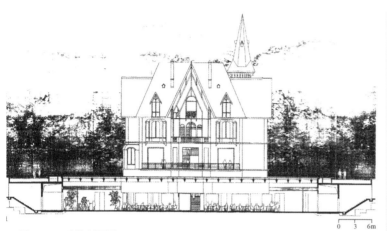

▲ 图4-18　建筑剖面图

资料来源：袁逸倩，张丽君，杨芸译，袁逸倩校.世界建筑大师优秀作品集锦——多米尼克·佩罗［M］.北京：中国建筑工业出版社，南昌：江西科学技术出版社，2001：146

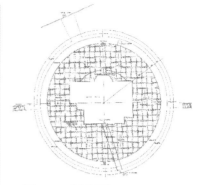

▲ 图4-16　总平面图

资料来源：袁逸倩，张丽君，杨芸译，袁逸倩校.世界建筑大师优秀作品集锦——多米尼克·佩罗［M］.北京：中国建筑工业出版社，南昌：江西科学技术出版社，2001：153

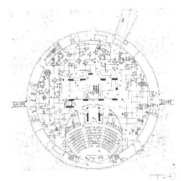

▲ 图4-17　地下层平面图

资料来源：袁逸倩，张丽君，杨芸译，袁逸倩校.世界建筑大师优秀作品集锦——多米尼克·佩罗［M］.北京：中国建筑工业出版社，南昌：江西科学技术出版社，2001：153

◀ 图4-19　建成后的建筑外观

资料来源：袁逸倩，张丽君，杨芸译，袁逸倩校.世界建筑大师优秀作品集锦——多米尼克·佩罗［M］.北京：中国建筑工业出版社，南昌：江西科学技术出版社，2001：147

图4-20 城堡倒影在玻璃地面上 ▶

资料来源：袁逸倩，张丽君，杨芸译，袁逸倩校.世界建筑大师优秀作品集锦——多米尼克·佩罗［M］.北京：中国建筑工业出版社，南昌：江西科学技术出版社，2001：149

▲ **图4-21 玻璃地面**

资料来源：袁逸倩，张丽君，杨芸译，袁逸倩校.世界建筑大师优秀作品集锦——多米尼克·佩罗［M］.北京：中国建筑工业出版社，南昌：江西科学技术出版社，2001：151

◀ **图4-22 人行入口桥与玻璃地面**

资料来源：袁逸倩，张丽君，杨芸译，袁逸倩校.世界建筑大师优秀作品集锦——多米尼克·佩罗［M］.北京：中国建筑工业出版社，南昌：江西科学技术出版社，2001：148

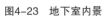

图4-23 地下室内景 ▶

资料来源：袁逸倩，张丽君，杨芸译，袁逸倩校.世界建筑大师优秀作品集锦——多米尼克·佩罗［M］.北京：中国建筑工业出版社，南昌：江西科学技术出版社，2001：152

整幢城堡好像被小心翼翼地放置在巨大的玻璃盘子之上。白天，阳光透过玻璃进入地下空间，使下部空间充满活力，同时，城堡倒影在玻璃上，整幢城堡好像从水中延伸出来；夜晚，地下空间内的灯光从玻璃地面透射出来，整幢城堡好像安置在透光的盘子上。

有人将这一奇特的设计称之为"玻璃与钢的艺术"，使原有建筑获得新的活力，而且活跃了周围环境的气氛。①

4.2.2 意大利帕维亚波罗米学院

意大利波罗米学院位于意大利北部城市帕维亚（Pavia），属于帕维亚大学（Pavia University）。帕维亚是一座古城，位于意大利伦巴第大区（Lombardy），南依提契诺河（Ticino），与国际大都市米兰（Milano）相距约30km，如图4-24和图4-25所示。帕维亚城内建筑形式丰富多彩，从罗马风格到文艺复兴风格，乃至现代主义一应俱全。如今帕

◄ 图4-24　位于提契诺河畔的帕维亚古城

◄ 图4-25　帕维亚城内的中世纪高塔

① 袁逸倩、张丽君、杨芸译，袁逸倩校，《世界建筑大师优秀作品集锦——多米尼克·佩罗》，中国建筑工业出版社，江西科学技术出版社，2001，第146～149页。

维亚是一座典型的大学城，帕维亚大学的师生人数约占城市人口的三分之一。

帕维亚大学是意大利一所著名的公立大学，成立于1361年，是仅次于博洛尼亚大学的第二古老的大学，同时也是意大利乃至整个欧洲的重要大学之一。帕维亚大学现有9个学院，分别为经济学院、工程学院、人类学院、法学院、理学院、医学院、药学院、音乐学院，其中医学院在世界上享有盛名，帕维亚大学最著名的校友是电池的发明者伏特（Alessandro Volta，1745—1827年）。[1]

波罗米学院从1561年10月15日开始建造（也有人说从1564年6月19日开始建造），1581年4月1日正式对外开放，至今已经接纳了约4 000名学生。[2] 波罗米学院采用内院式平面，房间沿四周布置，中间是一硬质铺地的庭院。建筑后部还有一座花园。整幢建筑包括花园沿中轴线对称布局，如图4-26—图4-45所示。

波罗米学院目前为帕维亚大学的男女学生及访问学者提供住宿，整幢建筑地上3层，地下1层。地上空间主要提供住宿服务，地下空间则已经改造为：图书馆、阅览室、阅报室、网络室、活动室、娱乐室、会议室、洗衣房、储藏室等，内部空间完全表现其原有的拱形空间形态和结构方式，朴素大方，发挥出地下建筑空间的实用功能。

图4-26 波罗米学院外观 ▶
资料来源：刘洋摄

---

① 意大利帕维亚大学，全球院校库，你好网，2013-08-19，http://school.nihaowang.com/7905.html。

② Collegio Borromeo，2013-08-02，http://www.collegioborromeo.it/college.htm。

▲ 图4-28 波罗米学院主入口

◀ 图4-29 波罗米学院背面的室外
庭院

资料来源：刘洋摄

图4-30 室外庭院一角 ▶

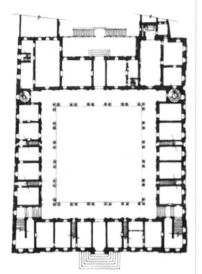

▲ 图4-31 波罗米学院平面图

　　资料来源：波罗米学院宣传资料

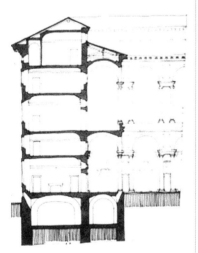

▲ 图4-32 波罗米学院剖面图

　　资料来源：波罗米学院宣传资料

图4-33 波罗米学院庭院内景 ▶

◄ 图4-34　波罗米学院内的接待室

▲ 图4-35　通向地下空间的大台阶

▲ 图4-36　通往地下空间的螺旋楼梯
　　资料来源：刘洋摄

▲ 图4-37　位于地下的电脑房，高
窗引入天然光线
　　资料来源：刘洋摄

▲ 图4-38　位于地下的娱乐室
　　资料来源：刘洋摄

图4-39 位于地下的报刊阅读空间 ▶

图4-40 位于地下的休息空间 ▶

图4-41 位于地下的报告厅 ▶

▶ 图4-42　尽可能通过高窗引入天
然光线
　　资料来源：刘洋摄

▲ 图4-43　地下空间的结构
　　资料来源：刘洋摄

▲ 图4-44一块奠基石的标牌
　　资料来源：刘洋摄

◀ 图4-45　地面的铺地图案
　　资料来源：刘洋摄

4.3 地铁车站室内设计

地铁车站是一类非常典型的地下建筑空间，也是城市地下空间开发中的重要内容。如今，地下铁道已经成为解决大城市交通拥挤的重要手段，地铁车站设计（尤其是地铁车站室内设计）越来越受到人们的重视。

4.3.1 北美的范例——加拿大蒙特利尔地铁车站

蒙特利尔（Montreal）位于加拿大东部，地处法语区，是加拿大第二大都市。蒙特利尔生活着大量欧洲移民，城市面貌和城市文化与一般北美城市不同，素有"北美小巴黎"的美誉。蒙特利尔市中心每天都汇集了大量人流车流，交通十分繁忙。为了方便居民出行，促进城市健康发展，1962年，蒙特利尔开始兴建地铁系统。

规划中的蒙特利尔地铁系统共有44mile（约70km）长，建设82个车站，当时预计耗资16亿美元。现在，该地铁系统的大部分已经投入运行，改善了城市交通，促进了城市的有序发展。

地铁车站是整个地铁系统设计中的点睛之笔，对于地铁系统的整体形象具有重要影响。蒙特利尔很强调车站对城市环境的美化作用，使之成为富有吸引力的公众场所。就车站的室外环境而言，一般都很重视与周围环境的统一，有的车站设置在公园中，与绿化有机结合，形成良好的景观效果；有的车站深入到商业建成区内，与周围的建筑物融为一体；有的设置在人行道和林荫道上，与各种街道设施合成一体；有的深入到写字楼的厅廊和旅馆的门厅，与这些建筑物交相辉映；有的则与停车场、车库或者公共车站相结合，形成非常方便的交通转换，蒙特利尔市中心已经建成了举世闻名的地下空间步行网络，如图4-46所示。就车站的室内环境而言，蒙特利尔地铁车站在舒适化、人性化、艺术化方面给人留下深刻的印象。

1. 舒适化

车站的舒适性取决于多方面的因素，有的与设计有关，有的则与管理有关。蒙特利尔地铁车站总体上给人以舒适之感。

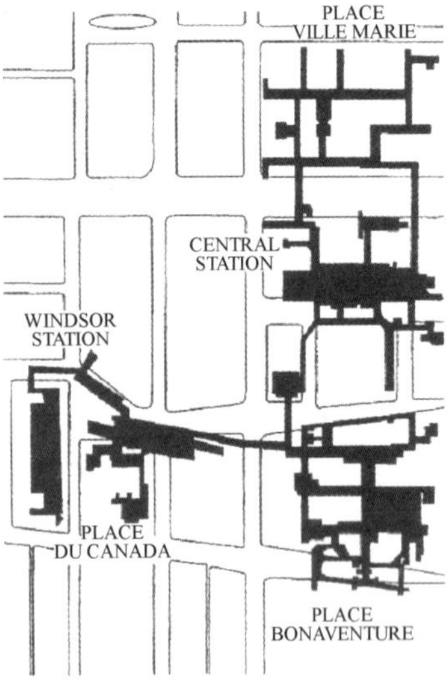

▲ 图4-46 蒙特利尔市中心的地铁车站建设与地下空间开发结合在一起，形成了举世闻名的地下步行街网络

资料来源：CARMODY John, STERLING Raymond. Underground space design: a guide to subsurface utilization and design for people in underground spaces [M]. New York: Van Nostrand Reinhold, 1993: 80

（1）蒙特利尔地铁车站空间高敞。为了节约投资，地铁车站往往都尽量压低层高，容易造成比较压抑的心理感受。蒙特利尔地铁车站却普遍比较高敞，而且站厅层与站台层空间常常上下贯通、融为一体，这样一方面丰富了空间变化，同时也减少了地下空间的压抑感，如图4-47—图4-50所示。

（2）蒙特利尔地铁车站整齐清洁。地铁车站人流量大，如何保持整洁是个十分重要却又往往难以解决的问题，不少

◀ **图4-47** 地铁车站空间高大，站厅层与站台层上下贯通
资料来源：周豪杰摄

◀ **图4-48** 地铁车站空间高敞通透，整体感强烈
资料来源：周豪杰摄

图4-49　宽敞明亮的换乘大厅 ▶

资料来源：周豪杰摄

图4-50　局部使用透明玻璃保持视 ▶
线的通透

资料来源：周豪杰摄

大城市地铁车站的卫生状况都不尽如人意。蒙特利尔地铁车站十分整齐清洁，每个车站都设有清洁班，按计划定时进行清洁工作，此外，各站台每天彻底冲洗一次。由于清洁人员的辛勤劳动，加上乘客的文明程度普遍较高，因此几乎没有乱涂、乱写、乱抛废物的行为。清洁工人主要清除的东西是咬嚼过的口香糖。地铁隧道则每月进行一次真空吸尘，这些都保证了车站的清洁卫生。图4-51即为车站站台上分类收集废弃物的废物箱。

（3）蒙特利尔地铁车站注意控制噪声。由于建设年代较早，蒙特利尔地铁车站没有设置屏蔽门，但车站内的噪声却不算太大。地铁采用了橡胶充气轮胎的列车型式，这种列车沿着表面光滑的混凝土轨道行驶，噪声较小，而且比普

◀ **图4-51 站台上使用的分类收集废弃物的废物箱，体现了环保理念**
资料来源：周豪杰摄

通的钢轨和钢轮更为平稳安静，遇到陡坡还不致打滑。设计者对车站附近的轨道坡度也作了考虑，列车进站时经过一段上坡，离站时经过一段下坡，这样既利于节能，又利于降低噪声。^①

2. 人性化

人性关怀是地铁车站设计中非常注重的内容。在蒙特利尔地铁车站中时常可以体会到设计师在这方面的用心。

（1）设计人员充分考虑到人们休息的需要，在站台上设置了不少别致的座椅，随时为旅客提供方便；这些座椅往往还符合无障碍设计的要求，这对于步入老龄社会的欧美城市而言十分必要。如图4-52—图4-55所示。

◀ **图4-52 站台上设置了不少座椅，供人们等候列车时使用**
资料来源：周豪杰摄

---

① 陈易：《剖析蒙特利尔地铁车站的室内设计》，《建筑装饰》1996年第5期。

▲ 图4-53　形式各异的座椅
　　资料来源：周豪杰摄

图4-54　考虑无障碍需求的座椅 ▶
　　资料来源：周豪杰摄

图4-55　为残疾人士提供服务的 ▶
扶手
　　资料来源：周豪杰摄

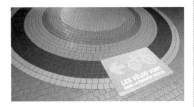

▲ 图4-56　地面的指示标识
　　资料来源：周豪杰摄

▲ 图4-57　地面的指示标识清晰实用
　　资料来源：周豪杰摄

（2）车站的标识系统非常详细完善，可以引导人们方便地进出车站。有时为了更好地起到指引作用，甚至在地上也有指示标识。如图4-56和图4-57所示。

（3）安全救援考虑周全，各类急救标识醒目，急救设备与墙面、座椅、灯具等统一考虑，已经成为车站空间的有机组成内容，甚至还有一定的美化空间的作用。如图4-58—图4-61所示。

（4）尽可能引入自然光线，满足人们向往自然的心理需求。在无法引入自然光线的情况下，也尝试采用一些模拟自然光的设计手法，尽可能取得良好的空间效果。如图4-62—图4-64所示。

◀ 图4-58 车站内的安全宣传设施醒目、美观
资料来源：周豪杰摄

▲ 图4-59 安全设施与照明设计完美结合
资料来源：周豪杰摄

◀ 图4-60 安全设施与墙面处理统一考虑
资料来源：周豪杰摄

◀ 图4-61 安全设施与墙面装饰的结合
资料来源：周豪杰摄

▲ 图4-62　引入天然采光，让阳光
进入站厅和站台层

资料来源：周豪杰摄

▲ 图4-63　即使在站台层也尽可能
引入自然光线

资料来源：周豪杰摄

▲ 图4-64　通过右侧整片发光墙面，模拟天然采光的效果

资料来源：周豪杰摄

3. 艺术化

蒙特利尔地铁车站很有艺术感，这要归功于建筑师和室内设计师的独具匠心，采用了多种多样的设计手法，使每个车站各具特色。

（1）利用结构构件表达空间。利用结构构件、材料原有质感表现空间是现代派建筑师经常使用的设计手法，有助于充分发挥结构构件、材料本身的表现力，达到空间、结构、材料的完美统一，并给人以大气、质朴、天然之感。图4-65—图4-73就可以体会到建筑师在这方面的努力和取得的效果，巨大的梁柱、浑厚的材质、理性的排列给人以敦厚结实之感，充满了力量感，与地铁车站的性格非常吻合。

图4-65　层层下降的混凝土拱形空▶
间加强了空间层次感

资料来源：周豪杰摄

▲ 图4-66 裸露的混凝土大梁柱表现出模板的痕迹，质朴大方

　　资料来源：周豪杰摄

▲ 图4-67 暴露的混凝土结构使空间富有理性感

　　资料来源：周豪杰摄

▲ 图4-68 巨大、结实的混凝土构件成为空间的主角

　　资料来源：周豪杰摄

▲ 图4-69 充分表现受力特征的结构构件充满美感

　　资料来源：周豪杰摄

图4-70 站台层墙面采用混凝土预 ▶
制构件，充满韵律感

资料来源：周豪杰摄

▲ 图4-71 用于侧墙的混凝土预制
构件既便于施工，又具有装饰感

资料来源：周豪杰摄

图4-72 通过巧妙的模板设计，使 ▶
墙面形成具有趣味感的肌理效果

资料来源：周豪杰摄

（2）利用色彩进行美化。在形、色、质这几种视觉元素中，色彩最容易引起人们的注目，利用色彩进行空间处理也就成为经常采用的手法。图4-74—图4-77就是通过地面、侧面、设施的色彩处理，美化环境。

▲ 图4-73 丰富的混凝土肌理效
果，朴素厚重

资料来源：周豪杰摄

图4-74 顶面、侧面采用直接脱模 ▶
而成的混凝土材质，地面则采用鲜明
的色彩，二者形成强烈的对比

资料来源：周豪杰摄

◀ **图4-75** 侧墙采用铝合金竖向构件装饰，同时辅以色彩变化
资料来源：周豪杰摄

◀ **图4-76** 对构件施以不同的色彩，形成丰富的空间效果
资料来源：周豪杰摄

▲ **图4-77** 设施上的色彩使之在实现功能的同时具有装饰性
资料来源：周豪杰摄

（3）将整个车站当作构成艺术品进行设计，图4-78—图4-81所示的拉萨尔（Lasalle）车站就是一例。设计师在站厅、站台的设计中吸取了现代艺术的灵感，采用线、面结合的设计语言，手法大胆，效果独特，给人留下深刻的印象。

▲ **图4-79** 大胆的用色和倾斜的线条使空间充满动感
资料来源：周豪杰摄

▲ **图4-78** 充满艺术感和前卫气息的车站室内设计
资料来源：周豪杰摄

157

图4-80　异形的空间，线条、块面 ▶
为主的界面处理手法
资料来源：周豪杰摄

图4-81　极具现代艺术感的侧界面 ▶
处理
资料来源：周豪杰摄

图4-82　与结构形式吻合的装饰壁画 ▶
资料来源：周豪杰摄

▲ 图4-83　采用空心砌块和陶管的壁
饰面独具匠心，具有画龙点睛的作用

（4）利用装饰品进行美化。蒙特利尔地铁车站内设置了不少装饰品，它们一般出自艺术家之手，通常布置在引入注目的场所。这些装饰品往往构思独特，形式各异，对于提高地下空间的识别性和美化环境具有重要作用。图4-82的壁画与拱形结构结合，既可以作为构件的收边处理，又有很强的装饰性；图4-83是一幅设置在墙面的壁饰，艺术家运用建筑中最常见的空心砖块和陶管等，通过巧妙的组合，使之成为整个空间的亮点，具有画龙点睛的作用；图4-84是站台墙面上的壁面装饰品，简洁大方；图4-85则在站厅层上布置了一组抽象雕塑，轻巧灵动的线条与粗犷的混凝土结构形成强烈的对比，增强了空间的艺术氛围。

▲ 图4-84　站台层上的墙面壁饰
　　资料来源：周豪杰摄

◀ 图4-85　在站厅层上的一组抽象
　雕塑加强了空间的艺术感
　　资料来源：周豪杰摄

（5）利用各种设施进行美化。地铁车站中的隔墙、栏杆、座椅、废物箱、灯具等设施既有功能要求，能够为人提供各种服务；同时，经过巧妙设计之后，又是美化环境的重要元素。图4-86—图4-99就显示了蒙特利尔地铁车站在这方面的探索。

▲ 图4-86　轻巧的楼梯栏杆与粗犷
　的混凝土构件形成对比
　　资料来源：周豪杰摄

◀ 图4-87　公益广告（感谢您选择
　公共交通）和各类指示标识成为车
　站装饰的重要元素
　　资料来源：周豪杰摄

▲ 图4-88 通过不同材料、不同色
彩而形成的墙面装饰

资料来源：周豪杰摄

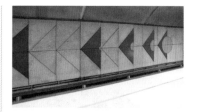

▲ 图4-89 同种材质上的不同线
型、不同色彩处理

资料来源：周豪杰摄

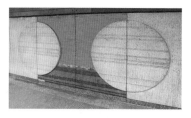

▲ 图4-90 不同材质、不同线型和
不同色彩的处理

资料来源：周豪杰摄

▲ 图4-91 同种材料的不同排列、
不同色彩处理

资料来源：周豪杰摄

▲ 图4-92 别致的座椅、墙面和地面处理

资料来源：周豪杰摄

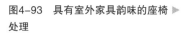

图4-93 具有室外家具韵味的座椅 ▶
处理

资料来源：周豪杰摄

图4-94 座椅渐变的色彩处理 ▶

资料来源：周豪杰摄

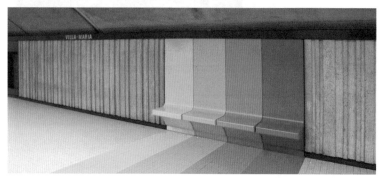

4.3.2 欧洲的探索——伦敦朱比利线延长线和巴黎地铁14号线车站

欧洲是世界地铁的发源地，英国伦敦建成了世界上首条地铁线，揭开了地铁发展的历史（图1-37和图1-38）。如今，不少欧洲大城市都拥有发达的地铁网络，地铁已经成为人们出行的主要交通工具，越来越体现出其低碳环保的优势。英国伦敦朱比利线（Jubilee Line）延长线和法国巴黎地铁14号线建成于20世纪末，投入使用后，普遍受到人们的称赞，它们尽管处于不同的国家，但却反映出当今地铁车站设计的一些共同理念，成为当今地铁车站设计的典范。

以往地铁车站往往主要是由工程师负责设计，加之受到地质状况、工程造价等条件的限制，地铁车站经常表现出一

种单调、乏味之感，反映出一种定式思维。朱比利线延长线和巴黎地铁14号线由于建筑师的介入而取得了突破，给人以耳目一新之感，它们共同表现出以下特点。

1. 空间高敞、流线清晰直接

朱比利延长线和巴黎地铁14号线在可能的条件下，尽可能突破原有地铁车站的空间形态模式，尽量使车站空间简洁、开敞，人流流线直接明了。图4-100—图4-105所示的朱比利线卡纳里码头（Canary Wharf）地铁站由著名建筑师诺曼·福斯特设计，是朱比利线延长线工程中最大的车站。300m长的地铁站建在一个改造的码头内，20部自动扶梯从入口玻璃顶下到站台，整个车站空间高大，气势恢宏。引入的阳光从上倾泻而下，毫无地下空间的阴暗感。[1]

图4-100　卡纳里码头地铁站总平面图 ▶

资料来源：林箐译，王向荣校.世界建筑大师优秀作品集锦——诺曼·福斯特［M］.北京：中国建筑工业出版社，1999：146

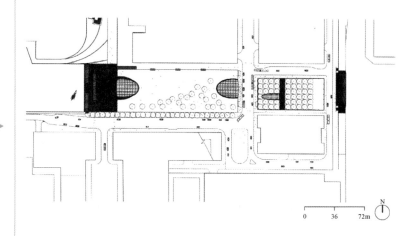

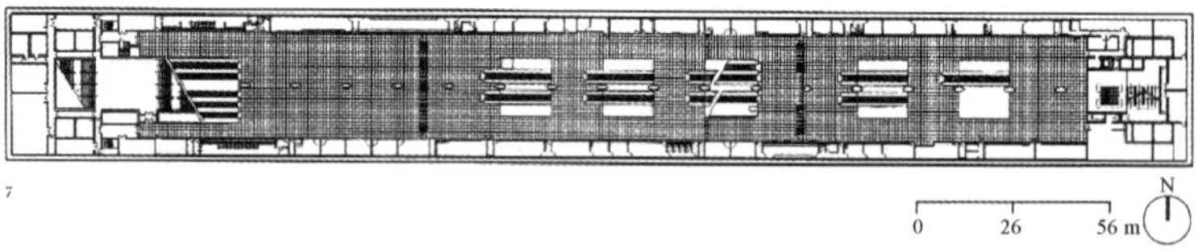

图4-101　卡纳里码头地铁站站台层平面图 ▶

资料来源：林箐译，王向荣校.世界建筑大师优秀作品集锦——诺曼·福斯特［M］.北京：中国建筑工业出版社，1999：149

图4-102　卡纳里码头地铁站纵剖面图 ▶

资料来源：林箐译，王向荣校.世界建筑大师优秀作品集锦——诺曼·福斯特［M］.北京：中国建筑工业出版社，1999：148-149

① 林箐译，王向荣校，《世界建筑大师优秀作品集锦——诺曼·福斯特》，中国建筑工业出版社，1999，第146～149页。

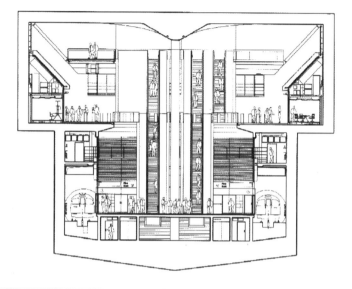

◀ **图4-103 卡纳里码头地铁站横剖面图**

资料来源：林菁译，王向荣校.世界建筑大师优秀作品集锦——诺曼·福斯特［M］.北京：中国建筑工业出版社，1999：148

◀ **图4-104 卡纳里码头地铁站内部剖面模型效果**

资料来源：林菁译，王向荣校.世界建筑大师优秀作品集锦——诺曼·福斯特［M］.北京：中国建筑工业出版社，1999：149

◀ **图4-105 卡纳里码头地铁站内景**

资料来源：张顺尧摄

163

图4-106和图4-107是巴黎14号线的车站内景，也可以体会到空间的高大宽敞，令人感到开朗、舒适。密特朗图书馆车站（Bibliothèque François Mitterrand）空间广阔，站厅的支撑圆柱高达15m，并且建有一个直径70m的半圆形大厅。[①]

图4-106　巴黎地铁14号线高敞的 ▶
空间
　　资料来源：刘洋摄

图4-107　巴黎地铁14号线高大的 ▶
站台空间
　　资料来源：刘洋摄

---

① 巴黎地铁14号线，维基百科，2013-08-19，http://zh.wikipedia.org/wiki/%E5%B7%B4%E9%BB%8E%E5%9C%B0%E9%90%B514%E8%99%9F%E7%B7%9A。

2. 尽量引入自然元素

引入自然元素有利于大大改善地铁车站的空间效果，实现上下互动、内外互动。朱比利延长线和巴黎14号线在此都做了探索。卡纳里码头地铁站顶部结合环境设计了一片草地，草地两侧是2个旅客出入口，采用弧形的、类似气泡一样的巨大玻璃顶。玻璃圆顶宽约20m，与草地缓坡巧妙结合，融于一体，阳光透过玻璃奔腾而下，使车站充满生机，如图4-108和图4-109所示。图4-110和图4-111则显示朱比利延长线南沃克车站（Southwark）、北格林威治车站（North Greenwich）引入天然阳光的情景。

▲ 图4-108 卡纳里码头车站的玻璃顶入口
资料来源：张顺尧摄

▲ 图4-109 卡纳里码头车站入口与草坪的结合
资料来源：张顺尧摄

▲ 图4-110 朱比利延长线南沃克车站引入天然阳光
资料来源：张顺尧摄

图4-111 朱比利延长线北格林威
治车站引入天然阳光

资料来源：张顺尧摄

巴黎14号线里昂车站（Gare de Lyon）建了一个巨大的庭院，里面种植了热带植物，郁郁葱葱，令人惊奇，大大改善了地下空间的效果，颇得人们好评，如图4-112所示。

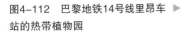

图4-112 巴黎地铁14号线里昂车
站的热带植物园

资料来源：刘洋摄

▲ 图4-113 朱比利延长线博孟得塞
车站的自动扶梯

资料来源：张顺尧摄

3. 完善的设施和方便的换乘

强调人性化设计是地铁车站的首要任务，朱比利线延长线和巴黎地铁14号线都将其作为首要任务，提供全方位的安全措施和完善的无障碍设计，各车站自动扶梯的数量也十分充足，完全可以保证人们高效、安全、舒适地出行。同时，该两条线路都尝试使用了一些高科技手段，如巴黎地铁14号线采用了6节编组的无人驾驶列车，没有司机的列车行驶在地下隧道常常引起游人、特别是儿童的好奇。图4-113是朱比利

延长线博孟得塞车站（Bermondsey）的自动扶梯，图4-114是
朱比利延长线伦敦桥车站（London Bridge）在空间转角处的
防撞措施，图4-115是巴黎地铁14号线的无障碍电梯，这些都
体现了对人的关怀。

▲ 图4-114　朱比利延长线伦敦桥车
站在空间转角处的防撞措施
资料来源：张顺尧摄

▲ 图4-115　巴黎地铁14号线的无障
碍电梯
资料来源：刘洋摄

　　4.发挥结构、材料、设备的美学功能

　　在朱比利线延长线和巴黎地铁14号线的各车站中，很难
找到纯粹的装饰构件，朱比利延长线的各个设计团队甚至将
不采用装饰设计作为整条线设计的共同原则。设计师致力于
仔细推敲结构构件的形式、各类材料的质感表现，充分发
挥结构构件、设备构件、材料质感本身所具有的美感，使它
们在完成结构、运输、通风、照明等各类功能的同时，本身

就成为美化空间的重要元素，使整个车站空间充满简洁、现代、大方的气息。

图4-116表示了巴黎地铁14号线车站对设备管线进行了美化，使之成为丰富空间效果的元素；前图4-105则显示出卡纳里车站钢筋混凝土柱子的优美形态，成为空间的主角；图4-117和图4-118则是朱比利线上的西敏寺车站（Westminster），其结构、材料、照明灯具都是表达空间效果的重要元素。

图4-116 巴黎地铁14号线车站对
设备管线的美化
资料来源：刘洋摄

图4-117 朱比利延长线西敏寺车
站内景一
资料来源：张顺尧摄

◀ 图4-118 朱比利延长线西敏寺车
站内景二
资料来源：张顺尧摄

5. 强调共性与个性的完美统一

一条地铁线路的车站数量一般都在10个以上，如何处理车站内部风格的共性和个性，往往令设计师颇为犯愁，中国设计界就经常有"一线一景"、"一站一景"的争论，而朱比利延长线和巴黎地铁14号线在这方面就处理得较为成功，下面简要介绍朱比利延长线的处理方式。

朱比利延长线在设计初期，就邀请了不同的设计团队设计不同的车站。由于确定了一些基本的原则，如：确保空间易于理解、流线清晰、风格简洁、摒弃装饰、尽量引入自然、关注无障碍设计等，加之统一的拱形隧道空间，共同使用的钢筋混凝土、不锈钢、玻璃、石材、铝合金等材料，类似的色彩，表现材料本身质感的设计理念使得延长线上的几个车站表现出较好的统一性。与此同时，由于各个车站的区位不同，有的制约因素较少，有的制约因素较多，因此又表现出各自的空间特点，较好地实现了共性与个性的统一。图4-119—图4-126就是朱比利延长线的几个车站——西敏寺车站、滑铁卢车站（Waterloo）、伦敦桥车站、南沃克车站、博孟得塞车站、加拿大水域（Canada Water）、卡纳里码头车站、北格林威治车站的内景。

4.3.3 注重地域特征表达——西安地铁2号线车站

"一个典型的城市小老百姓，……因为搭乘地铁，而不得不受困在车厢里，车厢受困在隧道里，隧道深埋在地底里，在地下的世界爬行延伸……甚至连巴黎的居民也都在抱

◀ **图4-119　西敏寺车站内景**

资料来源：张顺尧摄

图4-120　滑铁卢车站内景　▶
资料来源：张顺尧摄

▲ 图4-121　伦敦桥车站内景
　　资料来源：张顺尧摄

▲ 图4-122　南沃克车站内景
　　资料来源：张顺尧摄

▲ 图4-123　博孟得塞车站内景
　　资料来源：张顺尧摄

▲ 图4-124　加拿大水域车站内景
　　资料来源：张顺尧摄

▲ 图4-125　卡纳里码头车站内景
资料来源：张顺尧摄

▲ 图4-126　北格林威治车站内景
资料来源：张顺尧摄

怨，他们每天一出门，就得钻进地底搭乘地铁，一路都是黑黝黝的隧道，等到再钻出地面、见到阳光时，就必须进入办公室工作了。长久以来，人们对都市的记忆丧失殆尽，只记得自己家里与工作地点，以及无穷无尽的隧道。所谓的'都市意象'云云，只是逝去的美好日子的'传说'"。[①] 这段描写非常形象地描写了都市人们的日常生活，同时，也引起了地铁车站设计人员的深思。如何在地铁车站室内设计中表现出一定的地域特征成为人们思考的重要内容，国内外的设计师都在这方面进行了尝试。

图4-127是斯德哥尔摩的地铁车站，直接采用爆破法在地下岩层中形成车站空间，人们保留了其开挖时的原始状况，并直接在上面进行艺术创作，形成独特的趣味和地域特征。图4-128是巴黎地铁1号线的巴士底站（Bastille），该站的站台墙面上绘制了大量与法国大革命相关的画作，以显示该站特殊的地理位置；图4-129是巴黎地铁2号线的王妃门站（Porte Dauphine）的出入口，其典型的新艺术运动风格出入口成为巴黎地铁的象征物之一；图4-130是巴黎地铁7号线新桥站（Pont-Neuf），车站附近有个造币厂（现已改造为造币厂博物馆），该站采用夸张的手法，用大小不一、形

---

① 杨子葆：《世界经典城铁建筑》，生活·读书·新知三联书店，2007，第79页。

图4-127 （a，b）斯德哥尔摩地 ▶
铁车站保留了原有的天然岩洞的形
态，并直接在岩石上进行艺术创作，
形成独特的趣味和地域特征。

资料来源：王良摄

图4-128 巴黎地铁1号线巴士底 ▶
站站台墙上的壁画

资料来源：王良摄

态各异的散落硬币进行内部装饰设计，既活泼又不失动感；图4-131是巴黎地铁11号线工艺美术馆站（Arts et Métiers），1994年其室内设计通过舷窗、齿轮等装饰主题，形成酷似"潜水艇"的氛围，纪念附近巴黎工艺美术馆建馆200周年；图4-132是巴黎地铁12号线的协和广场站（Concorde），该站站台墙上每一片瓷砖上有一个字母，将《人权和公民权宣言》（Déclaration des Droits de l'Homme et du Citoyen）的全文完整地铺设于车站的墙上，与协和广场的历史底蕴和政治色彩相当吻合；图4-133是巴黎地铁12号线的国民议会站（Assemblée Nationale），站台墙上采用不同彩色的大型无名侧面人像，诠释了"哪里聚集有民众，哪里就是国民议会"

▲ 图4-129 巴黎地铁2号线王妃门站带有典型新艺术运动风格的出入口

资料来源：王良摄

◄ 图4-130 巴黎地铁7号线新桥站站台上的钱币装饰

资料来源：王良摄

◄ 图4-131 巴黎地铁11号线工艺美术馆站内景

资料来源：王良摄

图4-132　巴黎地铁12号线协和广 ▶
场站墙上的拼字

资料来源：王良摄

图4-133　（a，b）巴黎地铁12号 ▶
线国民议会站站台壁画

资料来源：王良摄

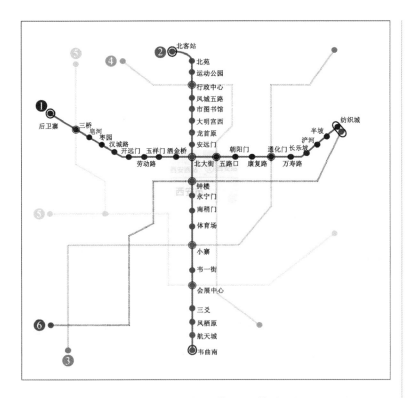

▲ 图4-134　西安地铁2号线一期规
划图

资料来源：王良绘

的主题，让人领悟到国民议会的作用，体会到人民的力量。

中国新建的地铁车站也在这方面做了不少尝试，西安地
铁2线各车站室内设计就具有代表性。

1. 西安及西安地铁2号线简介

西安是中国最著名的历史文化名城之一，曾多次作为都
城出现，中国历史上最辉煌的汉代、唐代均定都于此，当时
称为"长安"。唐代长安是当年世界第一大都市，其面积远
远超过今天西安城的面积。西安位于关中盆地，北临渭河
和黄土高原，南邻秦岭。其地理位置得天独厚，文化积淀深
厚，自然景观丰富，加之西安人具有质朴、淳厚、爽朗的性
格特点，形成了独具特色的地域特色和风俗文化。

根据国务院批准的规划：西安快速轨道交通一期线网由6
条线路组成，总长度251.8km。[1] 未来将形成以轨道交通为骨
干，其他公交为辅助的快速、高效、环保的城市公共交通体
系，确保实现城市的可持续发展。西安地铁1号线、2号线首
先实施，其中2号线已经投入使用。

---

[1]　周洁：《色彩设计在地铁标识导向系统中的应用研究》，西安建筑科技大
学，2010，第5页。

西安地铁2号线北起西安铁路北客站，南至长安区韦曲镇，途径行政中心、北大街、钟楼等地标性站点，全线26.4km，共设站点21座，其中5座站点为换乘站，如图4-134所示。2号线位于西安市南北向主干道，与西安城市南北轴线相重合，同时与东西走向的1号线共同形成城市十字交通系统的骨架。从站点的取址来看，2号线途经诸多历史文化遗址及现代城市地标建筑，因此整条线路的室内设计非常注重体现西安的地域特色。

经过专家及各方人士的认证，2号线整条线路的车站风格定位以唐文化为基准，通过对唐代绘画、雕刻、建筑等方面的研究来吸取设计灵感，并在室内设计、标识系统设计中加以表现。在西安地铁标志设计中就能体会到这一点。

▲ 图4-135　西安地铁标志
资料来源：http://www.xametro.gov.cn/

西安地铁标志与北京、上海等城市的地铁标志不同，设计采用方形外轮廓，以西安古城墙为主题来体现西安城市的地域特征。采用方形的轮廓设计是借用了古代印章的含义，是一种承诺的象征。标志主体色彩为象征中华民族的中国红，同时配以白色背景使画面形成强烈反差，引人注目。主体M形的外侧为城墙垛口造型，内侧拱形既代表城墙的城门，也象征着地铁隧道的入口，二者共同形成国际通用的M（Metro）形。整个设计既体现了国际性又不失地域特色。如图4-135所示。

2. 西安地铁2号线标识系统的色彩和文字设计

西安地铁2号线的标识系统设计中，对如何体现西安的地域特征进行了深入思考，在色彩、文字选用方面就进行了反复推敲。

色彩在标识系统设计中占有重要地位。通过对具有西安地域文化特色的唐代艺术（建筑、绘画等）进行色彩信息取样，并进行提炼、对比后，进一步综合考虑与文字、图形及照明等空间环境因素的关系，最终得出2号线标识系统的主要色彩：中国红为整个2号线主色，取自中国结，体现西安人热情好客的奔放性格特点；2号线的基调色为花青蓝，该色来自唐代画作，给人以宁静、安详、平和之美感，又不乏沉稳、大气的独特气韵；出站信息色为明黄色，其亮度高，有助于提高标识系统的辨识性，同时体现西安市民爽朗豪放的性格特征。详见表4-1。

表4-1 西安地铁标识系统的色彩分析

颜色	功能	标识牌	性格特征	取色素材
中国红	2号线主线颜色	2号线 Line 2	热情、好客大方、奔放	中国结
花青蓝	标识牌体背景颜色	安远门 ANYUANMEN	宁静、沉稳平和、安详	唐代风景画
明黄色	"出"字、引导箭头标识符号颜色	出 D 未央路（北）EXIT 二马路	乐观、坦率	陕西安塞腰鼓
宝绿色	公共服务性标识符号颜色	← 自动售票机 Self-service Ticket Machine	积极、敬业	唐三彩
果绿色	无障碍设施标识符号颜色	电梯 Elevator	健康、活力	
蓝色	运营服务性标志符号颜色		安静、平和	唐代彩画

资料来源：王良.地铁车站设计中的地域特征研究——以巴黎地铁车站设计为例［D］.同济大学硕士学位论文，2015：73；表中图片由西安建筑科技大学汤雅莉教授提供

西安地铁2号线标识系统的文字设计上，除了选用传统的符合国家规范的文字外，在各站点站名文字上做了重新设计，以颜真卿的"颜体"为依据（颜真卿，唐代著名书法家，西安人。其楷书自成一体，风格鲜明，笔力雄强圆厚，气势庄严雄浑），创造出具有地方特色、富含独特文化品味的站名字体，这也是国内至今首次采用书法字体作为地铁交

北大街

钟楼站

永宁门

▲ 图4-136 西安地铁车站站名文字
分析

资料来源：汤雅莉提供

通规范字体的尝试。通过对笔画的粗细、疏密等结构关系的推敲，最终站名字体完全符合交通标识符号识别的功能性特征，又极大地提升了西安地铁的文化层次，体现了西安城市的地域文化特征。如图4-136所示。

3. 西安地铁2号线标识系统的站名符号分析

与其他城市不同，西安地铁2号线的标识系统采用"图形＋文字"这一特殊手法来体现车站的地域特征，同时也有助于活泼情绪。据西安建筑科技大学有关老师提供的资料显示，在前期调研时，将整个2号线所处地理位置进行区域功能划分，21个站点被设定为五大主题，分别是：历史著名建筑、现代地标性建筑、历史典故、周边环境及民族文化。如表4-2所列，最终得出其外轮廓为印章造型，印章内部图案为调研所提取的地域主题图形。

表4-2 站名符号提取元素分析

站点符号	站点名称	地理位置及历史典故	设计素材
	大明宫西站	位于唐代大明宫遗址西侧。大明宫初建于唐太宗贞观年，名永安宫，是唐太宗李世民为他父亲李渊修建的夏宫，遂于贞观九年正月改名为大明宫	历史著名建筑
	安远门站	位于北关正街与自强路十字路口北侧。安远门现为西安城墙的北门，明清西安北城门，位于西安城南北中轴线上	
	钟楼站	位于西安城内东西南北四条大街的交汇处，钟楼北侧。钟楼始建于明洪武十七年，原址在今西安市广济街口，明万历十年移于现址，清乾隆五年曾重修	
	永宁门站	永宁门外为南门广场，门内为南大街，门外接南关正街。建于隋初，名安上门，唐末韩建缩建新城时留作南门，明代改为永宁门	
	南稍门站	位于长安北路与友谊路十字路口南侧，临近小雁塔，该区域统称南稍门。小雁塔位于西安市南门外的荐福寺内。其塔形秀丽，被认为是唐代精美的佛教建筑艺术遗产	

续表

站点符号	站点名称	地理位置及历史典故	设计素材
	北客站	该站为2号线一期工程的北端起始站，布设在北绕城高速北侧的东兴隆一村。图标为新建北客站建筑形象	现代地标性建筑
	运动公园站	位于北郊张家堡广场以北，布设在凤城十路与草滩路路口。图标为城市运动公园建筑形象	
	行政中心站	位于张家堡环形广场内，沿未央路南北向布置，为2号线与4号线换乘车站。西汉时期汉长安城内居民的集中墓地。图标为行政中心建筑形象	
	市图书馆站	位于未央路与凤城二路十字路口。图标为市图书馆建筑形象	
	北大街站	位于北大街与莲湖路十字路口处，与一号线形成"十"字换乘。该处地标建筑为省出版大厦，即图标建筑形象	
	体育馆站	位于南二环北侧陕西省体育场东门出口与长安北路交汇处。图标为省体育场建筑形象	
	小寨站	位于长安中路与小寨路十字路口处，与三号线形成T字换乘。图标为小寨地标建筑物国贸大厦形象	
	纬一街站	位于长安南路与纬一街交叉路口的北侧，该站以横向道路纬一街命名。图标为此地陕西广播电视中心建筑形象	
	会展中心站	位于长安南路、丈八东路和雁展路交汇处。图标为西安国际会展中心建筑形象	

179

续表

站点符号	站点名称	地理位置及历史典故	设计素材
	北苑站	位于西安城市北郊,北绕城高速公路南侧,地处唐代皇家园林、晋代启运门位置。图标为历史苑囿风光	历史典故
	凤城五路站	位于未央路与凤城五路丁字路口。图标寓意凤凰及城墙	
	航天城站	位于长安区长安街十字路口南侧。西安航天科技产业基地选址西安南郊,北邻曲江新区,西靠"西安中轴龙脉"长安路,东依汉宣帝杜陵,南接长安中心区。图标为航天城概貌	周边环境
	韦曲南站	位于韦曲以南。该处唐代位于长安城南郊,因韦氏世居于此得名。图标为香积寺周边风光景象	
	龙首原站	王朝五十多帝王在此抢"龙脉"建宫筑殿,秦阿房宫、汉长安城、大明宫上演过波澜壮阔的历史传奇。图标简洁明确为一龙首	民族文化
	三爻站	位于南三环以南三森国际家居城和三爻村附近。爻乃八卦之中的一卦。图标为抽象八卦形象	
	凤栖原站	位于杜陵东路与凤栖路之间。据史籍载,汉宣帝四年(公元前58年)11月,有凤凰翔集于此。山名凤栖由此而得名。图标为抽象凤尾	

资料来源:王良.地铁车站设计中的地域特征研究——以巴黎地铁车站设计为例[D].同济大学硕士学位论文,2015:75-77;表中图片由西安建筑科技大学汤雅莉教授提供

如表4-2所列,在站名符号设计中融入地域特征及艺术元素,不仅可提高乘客的认知度,而且也将古城西安特有的人文特征表达得淋漓尽致。

4.西安地铁2号线车站室内设计

2号线位于西安城市南北主轴线上,与"唐城轴"重合。整体设计以唐风为主,"九宫格"主题贯穿整条路线。在车

站室内设计中，设计师将九宫格元素融入天花板的设计中，充分体现西安城市的地域特征。图4-137—图4-139分别是运动公园站、北大街站、钟楼站的顶部设计，表现出九宫格的意向。

◄ **图4-137　西安地铁2号线运动公园站顶部设计**
资料来源：王良摄

▲ **图4-138　西安地铁2号线北大街站顶部设计**
资料来源：王良摄

◄ **图4-139　西安地铁2号线钟楼站顶部设计**
资料来源：王良摄

　　在墙面处理方面，设置了文化墙，反映时代的变迁，营造艺术美观的空间感受，强化古城西安独特的历史文化特色，体现现代文明与历史文化的有机融合。表4-3列举5座典型车站的文化墙，以分析其具体的地域特征及文化涵义。

表4-3 西安地铁车站文化墙设计示意

站名	文化墙图示	文化墙地域性体现
市图书馆站		主题"文化之光",设计选取碑林书法的代表字体,通过材料、位置的多样组合,展现了中国的汉字文化
龙首原站		主题"书法龙",图画中央以龙首来衬托主题,书法是中华民族特有的艺术形式,龙在书法中也有充分的体现,运用各种传统纹样的组合,来传达龙首的主题
安远门站		主题"御守",设计中以抽象的表现方式来展示传统军队的壮观场面,映射出现代城市和谐、安宁。安远门为西安城墙的北门,位于西安南北中轴线上
钟楼站		主题"大秦腔",钟楼站位于西安城市市中心,文化墙采用陕西地方戏曲(秦腔)的经典曲目为设计元素,体现了陕西独有的地域文化特色
小寨站		主题"古韵新尚",运用唐仕女演奏百乐的场景与繁花、现代人物结合进行设计,显示出大唐一派繁盛景象。小寨也是当地年轻人聚集的场所

资料来源:王良.地铁车站设计中的地域特征研究——以巴黎地铁车站设计为例 [D].同济大学硕士学位论文,2015:77-78;表中图片由王良提供

4.3.4 注重文化内涵表达——上海轨道交通车站

上海是中国较早建设地铁的城市，目前已经构筑了发达的城市轨道交通网络，里程数居全国和全球前列，极大地方便了人们的出行。在上海地铁车站室内设计中，一般由总体设计控制单位对全线各车站提出室内设计的总体要求，对内部空间的用材、色彩、风格、造价等内容进行控制和协调，以保证全线各车站效果的统一性。

如何在保持全线风格较为一致的前提下，表达不同车站的文化内涵一直是车站室内设计的重要思考内容之一。这里以上海轨道交通1号线、2号线车站壁画设计和10号线同济大学车站室内设计为例进行分析。

1. 上海轨道交通1号线、2号线车站壁画设计

轨道交通1号线是上海最早建成使用的地铁线路，当时由华东建筑设计研究院负责协调全线各车站的室内设计风格。在投资、时间十分有限的条件下，整条线路各车站室内设计强调简洁、朴素、大方、现代的要求，以突显交通建筑的特点。但与此同时，已经开始思考如何表达各车站的文化内涵，选择5座车站进行了壁画设计。

轨道交通2号线是上海建成的第二条地铁线路，横贯东西，连接了上海枢纽（上海虹桥国际机场、上海虹桥站）和东侧的上海浦东国际机场，客流量巨大。在2号线的车站室内设计中仍然通过一些壁画来体现车站的文化内涵。

表4-4选取了若干幅轨道交通1号线、2号线的壁画，分析其中蕴含的文化内涵。

表4-4　　上海轨道交通1号线、2号线若干车站的壁画分析

车站名	壁画主题	创作时间	壁画材质	创作思想
漕宝路站（1号线）	电子之歌（图4-140）	1992	不锈钢，彩色搪瓷钢板	通过电子和集成线路图形的抽象表达，形成一种引人遐想的美感
	向太空（图4-141）	1992	不锈钢，彩色搪瓷钢板	通过抽象的天体图形，反映人们探索宇宙的好奇之心

车站名	壁画主题	创作时间	壁画材质	创作思想
衡山路站（1号线）	速度（图4-142）	1994	花岗岩影雕	该站是上海地铁总公司所在地。以地铁隧道的纵、横二个剖面图形作为构图框架。横剖面呈放射的同心圆状象征地铁事业的不断扩展；纵剖面展示如飞梭般的运动速度，外加有强透视感的车辆图形增加了壁画的速度感，预示了地铁事业的灿烂前景
人民广场站（1号线）	上海建筑神韵（图4-143和图4-144）	1994	不锈钢	该站地处上海市中心。通过一批上海著名建筑的抽象形象，体现出上海海纳百川、兼容东西的文化特点
上海火车站站（1号线）	车轮滚滚（图4-145）	1994	花岗岩	通过火车、高铁，尤其是车轮的形象，隐喻了上海的不断进步和交通工具的快速发展
南京西路站（2号线）	霓裳曲（图4-146）	2000	可丽耐镶嵌	上海南京路有"十里洋场"之称，通过一系列摩登女郎的抽象剪影，反映出这一地段时尚、高雅的氛围
世纪公园站（2号线）	绿色家园（图4-147和图4-148）	2000	不锈钢，彩色搪瓷钢板	世纪公园是上海内环线区域内最大的、富有自然特征的生态型城市公园，"绿色家园"的壁画主题表现出上海建设生态城市的决心，表现出上海市民对"天更蓝、地更绿、水更清"的人居环境的向往

图4-140　上海轨道交通1号线漕
宝路站"电子之歌"壁画

资料来源：阴佳提供

图4-141　上海轨道交通1号线漕
宝路站"向太空"壁画

资料来源：阴佳提供

◀ 图4-142　上海轨道交通1号线衡
山路站"速度"壁画

　　资料来源：阴佳提供

◀ 图4-143　上海轨道交通1号线人民
广场站"上海建筑神韵"壁画实景

　　资料来源：阴佳提供

◀ 图4-144　上海轨道交通1号线人民
广场站"上海建筑神韵"壁画局部

　　资料来源：阴佳提供

◀ 图4-145　上海轨道交通1号线上
海火车站站"车轮滚滚"壁画

　　资料来源：阴佳提供

◀ 图4-146　上海轨道交通2号线南
京西路站"霓裳曲"壁画创作稿

　　资料来源：阴佳提供

◀ 图4-147　上海轨道交通2号线世
纪公园站"绿色家园"壁画创作稿

　　资料来源：阴佳提供

图4-148　上海轨道交通2号线世 ▶
纪公园站"绿色家园"壁画现场实景

资料来源：阴佳提供

2. 上海轨道交通10号线同济大学站室内设计

上海轨道交通10号线竣工于2010年上海世博会前，同济大学站由同济大学建筑设计研究院（集团）有限公司设计，位于同济大学四平路主校区门前，总建筑面积 21 151m²。车站位于四平路接近彰武路下方。车站站体上方有7.5m深的下立交机动车车道穿过，地铁站站厅层埋深14m左右，站台层埋深19m左右。如图4-149—图4-151所示。

同济大学车站室内设计立足于表现：地铁文化与高校文化的整合，寻求在满足地铁站交通便捷、高效要求的前提下，体现高等院校特有的人文精神。如图4-152—图4-163所示。

首先，利用下立交地铁埋深大以及初期土建不对称的空间柱列进行结构整合，创造出同济大学站特有的站厅层局部7.2m净高的高空间，并于站厅尽端的顶部设置8m宽、13m长的自然采光天窗，墙上饰有巨幅山水画，营造出休息等候、文

图4-149　上海轨道交通10号线同 ▶
济大学站的地下范围图

资料来源：同济大学建筑设计研究院
（集团）有限公司及车站设计师提供

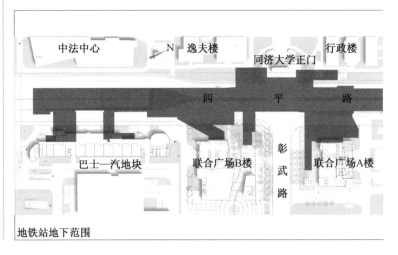

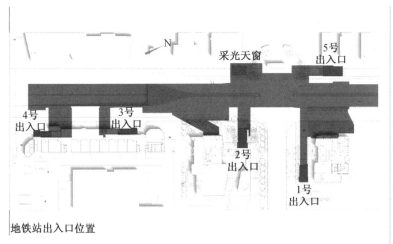

地铁站出入口位置

◀ 图4-150 同济大学站的地面出入
口分布图

资料来源：同济大学建筑设计研究院
（集团）有限公司及车站设计师提供

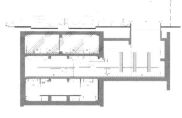

▲ 图4-151 同济大学站的剖面图

资料来源：同济大学建筑设计研究院
（集团）有限公司及车站设计师提供

◀ 图4-152 同济大学站2号出入口
设计图

资料来源：同济大学建筑设计研究院
（集团）有限公司及车站设计师提供

◀ 图4-153 同济大学站2号出入口
建成情况

资料来源：同济大学建筑设计研究院
（集团）有限公司及车站设计师提供

图4-154 同济大学站2号出入口正立面 ▶

资料来源：同济大学建筑设计研究院（集团）有限公司及车站设计师提供

图4-155 同济大学站5号出入口设计图 ▶

资料来源：同济大学建筑设计研究院（集团）有限公司及车站设计师提供

图4-156 5号出入口内景，红砖墙面与同济大学围墙呼应 ▶

资料来源：同济大学建筑设计研究院（集团）有限公司及车站设计师提供

◀ 图4-157　5号出入口内景

资料来源：同济大学建筑设计研究院（集团）有限公司及车站设计师提供

◀ 图4-158　同济大学站站厅层效果

资料来源：同济大学建筑设计研究院（集团）有限公司及车站设计师提供

▲ 图4-159　站厅层采光井引入天然阳光

资料来源：同济大学建筑设计研究院（集团）有限公司及车站设计师提供

◀ 图4-160　阳光沐浴下的站厅层休息空间

资料来源：同济大学建筑设计研究院（集团）有限公司及车站设计师提供

图4-161　休息空间的巨幅壁画强 ▶
化了人文气息

资料来源：同济大学建筑设计研究
院（集团）有限公司及车站设计师
提供

图4-162　站厅层以现代构成表现 ▶
为主的主题墙

资料来源：同济大学建筑设计研究
院（集团）有限公司及车站设计师
提供

图4-163　同济大学车站站台层内景 ▶
资料来源：同济大学建筑设计研究院
（集团）有限公司及车站设计师提供

化展示的宁静休闲空间。这一设计对策受到普遍好评，取得了极好的空间效果，如今这一空间已经成为人们等候、交流、休息的绝佳场所。

车站站厅和站台公共部位的天花选用仿木纹铝合金通长格栅及连续灯带；墙面采用干挂的自然色水泥涂装板；5个地面出入口通道的墙面结合同济大学校园围墙采用清水红砖等天然材料；通过细部的精心设计和巧妙搭配，既体现出大气简约、朴素自然的特点，同时又有很强的文化气息。

同济大学车站共有5个地铁人行出入口，其中1号、3号、4号出入口结合地面开发项目，巧妙隐藏在整体开发建筑中；靠近联合广场B楼的2号口以及靠近同济大学四平路主校门的5号口属于自行设计的地铁出入口。2号出入口结合联合广场B楼建筑风貌，以轻盈、透明、高技的形象立于街角广场的绿化丛中；5号出入口则结合同济大学校园围墙后退设置，以谦逊的形态融入四平路沿线的红砖校园围墙之间。

4.4 文化类地下建筑空间室内设计

地下空间具有不少优点，伴随着工程技术的发展，人类越来越能够克服地下空间的弱点，出现了不少利用地下空间的文化类建筑，人们开始将报告厅、教室、阅览室、展厅等功能空间置于地下，出现了一批优秀的设计案例，值得介绍学习。

4.4.1 法国卢浮宫地下建筑空间

卢浮宫（Musée du Louvre）位于法国巴黎市中心的塞纳河（Seine River）边，始建于12世纪末，最初用作防御的城堡，后成为法国的王宫，现在成为卢浮宫博物馆，拥有艺术收藏品达3.5万件，包括雕塑、绘画、美术工艺及古代东方、古代埃及和古希腊罗马等7个门类。

1. 卢浮宫简介

随着卢浮宫藏品数量的增多，展览空间越来越小。1981年，法国政府决定对卢浮宫实施大规模的整修，整修后的卢浮宫于1989年重新开放，是世界参观人数最多的艺术博物馆。其展览区域划分如下所述。

（1）黎塞留庭院（Richelieu Wing）：远东、近东、伊斯兰文物；雕塑；14世纪至17世纪的法国油画；德国、尼德兰和佛兰德斯油画；其他绘画和形象艺术。

（2）苏利庭院（Sully Wing）：古埃及文物；近东文物；古希腊、伊特鲁里亚、古罗马文物及雕塑。

（3）德农庭院（Denon Wing）：古希腊、伊特鲁里亚、古罗马雕塑；17世纪至19世纪的法国油画；意大利及西班牙油画。

卢浮宫扩建工程，是1989年法国大革命200周年纪念巴黎十大工程之一，也是唯一一个不是经过设计投标竞赛而由法国总统密特朗亲自委托的工程，由美籍华工建筑师贝聿铭负责设计，著名的玻璃金字塔成为卢浮宫的入口。[①]

2. 设计构思

当时按照各种功能要求，扩建面积需要数万平方米。贝聿铭先生在地面不可能增加任何新建建筑物的情况下，决定开发利用地下空间。经过深思熟虑，贝聿铭先生决定利用卢浮宫前原有广场的地下空间，获得了几万平方米的建筑空间，足以满足扩建所增加的休息、服务、餐饮、储藏、研究、停车等功能，同时把参观流线在地下中心大厅（"拿破仑大厅" Hall Napoléon）分成东、西、北三个方向从地下通道进入原展厅，中心大厅则成为博物馆的总出入口。

为了突出总出入口的形象和使地下空间获得天然采光，贝聿铭先生在原地面宫殿东西、南北二条中轴线的交汇点上，设置了一座玻璃金字塔，既作为主入口，也作为地下空间的主要采光口。这一大胆的设计当时曾引发了不少争议，随着时间的推移，目前这一设计理念已逐渐被人所接受，并受到赞赏。如图4-164—图4-175所示。

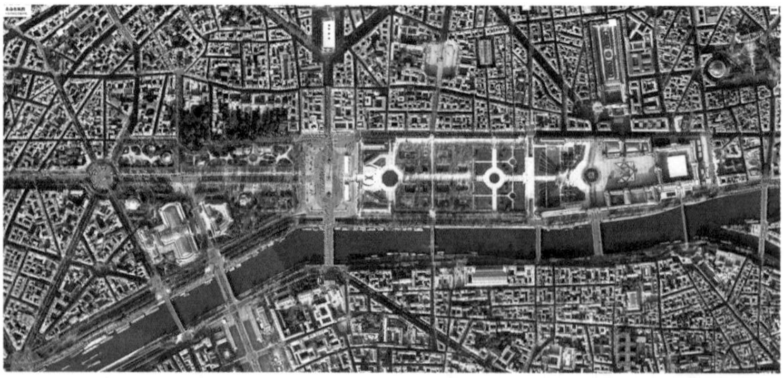

图4-164 卢浮宫总体位置图，处于巴黎市中心的重要轴线上

资料来源：http://www.louvre.fr/zh

[①] 卢浮宫，维基百科，2013-08-07，http://zh.wikipedia.org/wiki/%E5%8D%A2%E6%B5%AE%E5%AE%AB。

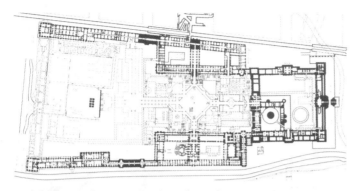

◀ **图4-165　卢浮宫平面图**

资料来源：［美］菲利浦·朱迪狄欧，珍妮特·亚当斯·斯特朗.贝聿铭全集［M］.李佳洁，郑小东，译.北京：电子工业出版社，2012：232

◀ **图4-166　卢浮宫夜景鸟瞰，远处是巴黎的标志性建筑凯旋门和埃菲尔铁塔**

资料来源：［美］菲利浦·朱迪狄欧，珍妮特·亚当斯·斯特朗.贝聿铭全集［M］.李佳洁，郑小东，译.北京：电子工业出版社，2012：221

◀ **图4-167　卢浮宫拿破仑庭院鸟瞰**

资料来源：［美］菲利浦·朱迪狄欧，珍妮特·亚当斯·斯特朗.贝聿铭全集［M］.李佳洁，郑小东，译.北京：电子工业出版社，2012：254

图4-168　卢浮宫拿破仑庭院平视 ▶

资料来源：王良摄

◀ 图4-169　玻璃金字塔贯
通了内外空间

资料来源：王良摄

图4-170　玻璃金字塔下的 ▶
螺旋楼梯

资料来源：［美］菲利浦·朱
迪狄欧，珍妮特·亚当斯·
斯特朗.贝聿铭全集［M］.李
佳洁，郑小东，译.北京：电
子工业出版社，2012：234

图4-171　玻璃金字塔将阳光引入 ▶
地下空间

资料来源：刘洋摄

◀ 图4-172 地下空间内熙熙攘攘的人流

资料来源：刘洋摄

◀ 图4-173 倒金字塔将光线引入地下空间，下面的石质小金字塔可以避免儿童与倒金字塔相撞

资料来源：刘洋摄

◀ 图4-174 改造后上下空间互动的马利庭院

资料来源：［美］菲利浦·朱迪狄欧，珍妮特·亚当斯·斯特朗.贝聿铭全集［M］.李佳洁，郑小东，译.北京：电子工业出版社，2012：236

▲ 图4-175 黎塞留馆的楼梯

资料来源：［美］菲利浦·朱迪狄欧，珍妮特·亚当斯·斯特朗.贝聿铭全集［M］.李佳洁，郑小东，译.北京：电子工业出版社，2012：245

3.地下建筑空间处理

地下建筑总面积6.2万m^2，地下1层（-5.5m）和2层（-9.0m）充满广场下部，局部有地下3层（-14.0m）。在地面中心广场以南，另设有大型地下停车场。

地下中心大厅（"拿破仑大厅"）位于地下建筑的中部，作为博物馆的主要出入口和观众的问询集散之地。博物馆的展示部分则仍然保留在原来的宫殿内，仅仅在正面进馆的通道两侧增加了几个展厅。在中心大厅周围，布置有报告厅、图书馆、餐厅和咖啡厅，向南有一条宽敞的商业街，两侧是精品商店。库房和研究用房、办公用房、技术用房、设备用房分散布置在通道两侧，其中库房的数量和面积都比较大。[①]

地下中心大厅的室内设计则采用了贝聿铭先生一贯的风格，十分简洁大方。浅米色的大理石墙面、透明的玻璃金字塔和玻璃栏板，整个内部空间没有任何多余的装饰，几何状的建筑形态、材料和设备的自身质感和造型成为空间的主要元素，无愧为现代主义建筑风格的又一代表作。

4.4.2 中国国家大剧院地下建筑空间

中国国家大剧院是中国近年建成的代表性建筑，位于北京的长安街南侧，东侧是人民大会堂，位置十分重要。国家大剧院由法国建筑师保罗·安德鲁（Paul Andreu）担任主创设计，构思独特。整幢建筑呈现椭球体，位于一片水池之中，宛如一座小岛浮现在湖心。椭球体长轴约213m，短轴约144m，高46m。椭球体中间是透明玻璃带，透明玻璃带将椭球体分为左右两半，白天阳光可以倾泻进入椭球体内部，形成丰富的光影变化；晚上，内部的灯光透射出来，人们可以看到里面的各种活动。

国家大剧院设有3个观演厅：一个2 416座的歌剧院、一个2 017座的音乐厅、一个1 040座的戏剧场，以及对公众开放的艺术及展示空间。为了控制建筑物的高度，同时为了营造充满趣味的空间效果，国家大剧院充分利用了地下空间，主要层地面标高低于周边室外地面标高约一层。

设计师设置了1条60m长的透明地下通道与北侧入口地

---

① 童林旭：《地下建筑图说100例》，中国建筑工业出版社，2007，第59页。

面（"湖岸"）联系起来。这样一方面确保了建筑立面（椭圆球体）外观非常完整，没有任何开口，形体十分简洁；另一方面为观众提供了一条有趣的通道，使人们可以从日常生活的世界逐步过渡到歌舞、传奇与梦幻的世界之中。当人们步行其中时，阳光透过通道上方水池洒入通道，形成丰富的光影，同时头顶水池中的粼粼波光更让人啧啧称奇，奇妙的空间感受让人终生难忘。[①] 如图4-176—图4-191所示。

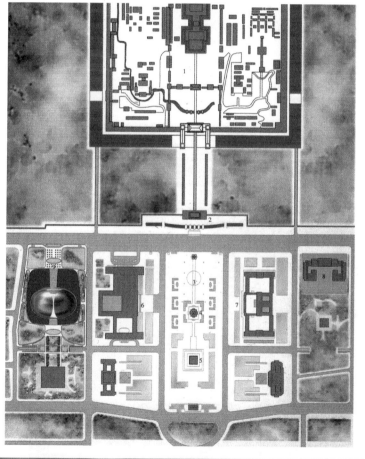

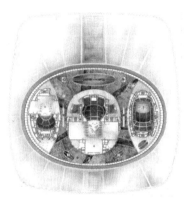

◄ **图4-176　国家大剧院总平面图**
资料来源：吴耀东，郑怿. 保罗·安德鲁的建筑世界［M］. 北京：中国建筑工业出版社，2004：216

▲ **图4-177　国家大剧院平面图**
资料来源：吴耀东，郑怿. 保罗·安德鲁的建筑世界［M］. 北京：中国建筑工业出版社，2004：223

◄ **图4-178　国家大剧院剖面图**
资料来源：吴耀东，郑怿. 保罗·安德鲁的建筑世界［M］. 北京：中国建筑工业出版社，2004：223

---

① 吴耀东、郑怿编著：《保罗·安德鲁的建筑世界》，中国建筑工业出版社，2004，第216～223页。

图4-179 国家大剧院主入口地下通道效果图

资料来源：吴耀东，郑怿.保罗·安德鲁的建筑世界［M］.北京：中国建筑工业出版社，2004：219

图4-180 国家大剧院歌剧院内景效果图

资料来源：吴耀东，郑怿.保罗·安德鲁的建筑世界［M］.北京：中国建筑工业出版社，2004：220

图4-181 国家大剧院音乐厅内景效果图

资料来源：吴耀东，郑怿.保罗·安德鲁的建筑世界［M］.北京：中国建筑工业出版社，2004：221

◀ 图4-182　国家大剧院外观，四周
水体环绕

◀ 图4-183　国家大剧院南立面，入
口位于地下

◀ 图4-184　国家大剧院主入口通过
下沉广场与道路相接

◀ 图4-185　主入口下沉广场上的人流

图4-186　主入口与下沉广场 ▶

▲ 图4-187　主入口附近的主通道

图4-188　通过地下通道进入主体 ▶
建筑

图4-189　地上地下空间上下互动 ▶

4.4.3 汉阳陵帝陵外藏坑保护展示厅

汉阳陵位于西安市北郊，汉景帝刘启（公元前188—前141年）之墓。汉阳陵帝陵陵园平面为正方形，边长418m，四边有夯土围墙，墙中部均有阙门。陵园中部为封土，呈四棱台形状，底部每边长168m，顶部每边长60m，封土高32.28m。按照两汉陵制，陵墓以东为贵，主墓道朝东。

在帝陵陵园四门内，封土以外钻探共发现外藏坑86座。其中东侧21座、南侧19座、西侧20座、北侧21座、东北角5座。坑长5~100m不等，坑宽度约3.5m，坑深度3m左右，坑间距一般在4m左右，坑底部距离现在地表8~14m。1998—1999年，陕西省考古研究所对帝陵东北角的12-21号外藏坑进行了发掘，发现文物种类齐全，数量可观，决定建造展示厅进行保护，并供游客参观。

▲ 图4-190　精巧的幕墙钢结构设计

1. 设计构思

设计人员面临的最大挑战是：首先，如何在帝陵旁大兴土木，但同时又能最大程度地减少对汉阳陵原有历史风貌的破坏；其次，汉阳陵出土文物的艺术精湛，但尺寸较小，仅为秦始皇兵马俑的三分之一大小，如何能够满足人们观看的需求。

经过反复思考，最终决定采用全地下的建筑空间的形式。通过建造地下展厅，既不破坏帝陵地面的历史风貌，又可以满足人们近距离观看文物的要求。

最终在各方努力下，终于建成了国内第一座采用先进文物保护技术的全地下遗址博物馆。通过复合中空玻璃将文物和游客分隔在两个截然不同的温湿度环境中，在严格保护文物遗存的前提下，使游客在充满神秘感的环境中近距离、多角度地欣赏文物遗存，领略中华文明的博大精深。

▲ 图4-191　内部的公共空间组织与利用

2. 流线设计

对于文物而言，地下展厅具有很多优点，国外有不少地下展示建筑的成功案例。然而，地下空间的封闭性很强，无法形成内外互动的空间效果，因此必须设计一条合理、清晰、有趣的参观流线，使参观者留下美好的印象。根据外藏坑文物分布状况及类型，设计师组织了一条丰富的参观流线，从入口开始，在长达500m的流线中，通过引—停—绕—跨—靠—观等手段，配合灯光照明，引导游客从不同方位、不同视角观察文物，造成一回三折、跌宕起伏的心路历程。

表4-5即为展示厅参观流线设计。

表4-5　　　　汉阳陵帝陵外藏坑保护展示厅参观流线设计

序号	地点		设计行为设定	设计心理设定	视角
1	东阙门		站	高山仰止	仰视
2	入口及引道		寻	别有洞天	—
3	入口门厅及引道		引	循序渐进	直视
4	遗址大厅	过厅	停	纵览外藏坑全局	环视
5		参观廊	绕	追寻探秘	平视
6		参观桥	跨	俯察外藏坑特色	平俯视
7		13-14号坑	靠	近距离观察文物	近视
8	幻影厅		观	深度挖掘文物内涵	影视
9	文物厅及引道		品	品味考古研究成果	—
10	出口及引道		品	思考汉阳陵文化内涵	—

资料来源：刘克成、肖莉，汉阳陵帝陵外藏坑保护展示厅［J］，建筑学报，2006（7）：68

3.环境氛围

汉阳陵外藏坑展示厅采用了一系列先进技术：在结构上采用全地下大跨度预应力钢筋混凝土结构，上部覆土植草，60m长的参观通廊悬挂在屋顶，在结构设计、建筑施工方面有一系列创新；在能源利用方面，利用地热资源，采用水源热泵空调通风系统，达到绿色环保和低碳节能的功效；在材料方面，遗址大厅和玻璃通廊采用复合中空玻璃地面和侧面，具有强度大、耐高温、透明度好、通电加热防止结露和调节环境温度等多种功能；在照明方面，采用光纤和LED等先进光源，消除可能破坏文物的紫外线辐射，保护文物；展示解说方面，采用了澳大利亚幻影成像技术，深度解说文物。

与此同时，在展示厅采用了一些汉代的建筑元素作为装饰设计的依据，同时，将材料的质感作为表现空间性格的重要手段，特别是实体墙面上的粗陶粒蓄水砖，既有粗犷质朴的质感，又可以自动吸收土壤中散发的多余水分，调节和稳定室内湿度。①

如图4-192—图4-207所示。

① 刘克成、肖莉：《汉阳陵帝陵外藏坑保护展示厅》，《建筑学报》2006年第7期。

◀ **图4-192 汉阳陵总平面图**
资料来源：http://www.hylae.com/

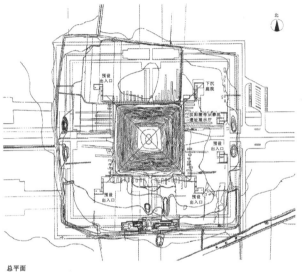

◀ **图4-193 汉阳陵帝陵总平面图**
资料来源：刘克成，肖莉.汉阳陵帝陵外藏坑保护展示厅［J］.建筑学报，2006（7）：69

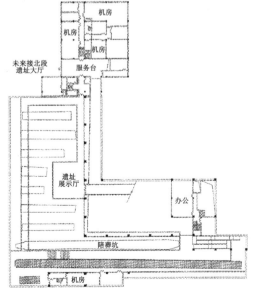

◀ **图4-194 汉阳陵帝陵外藏坑保护展示厅平面图**
资料来源：刘克成，肖莉.汉阳陵帝陵外藏坑保护展示厅［J］.建筑学报，2006（7）：70

图4-195 汉阳陵帝陵外藏坑保护
展示厅剖面图

资料来源：刘克成，肖莉.汉阳陵帝
陵外藏坑保护展示厅［J］.建筑学
报，2006（7）：69

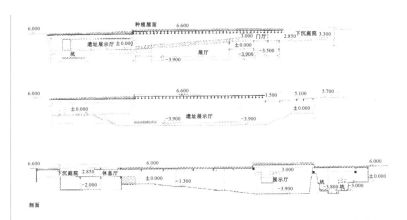

图4-196 汉阳陵帝陵外观 ▶

图4-197 汉阳陵帝陵外藏坑保护 ▶
展示厅以谦虚的姿态回应环境

图4-198 展示厅前的室外空间， ▶
墙上介绍了汉代各位帝王的简历

◀ 图4-199 展示厅入口，具有汉代
建筑的意蕴

◀ 图4-200 入口空间

▲ 图4-201 进入入口后的共享大厅，右侧围进入展示厅内部的坡道

图4-202　进入展示厅后的坡道 ▶

图4-203　展示厅内景，参观人流 ▶
与展品隔绝

资料来源：BIAD传媒《建筑创作》
杂志社.中国博物馆建筑［M］.天
津：天津大学出版社，2010：322

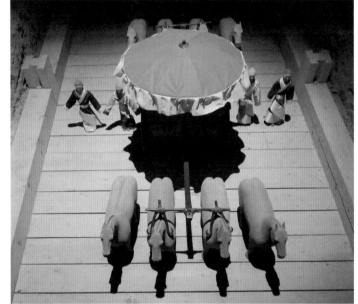

图4-204　展示厅中的文物 ▶

图4-205　结束参观后进入共享大 ▶
厅，周围有小商店

◀ 图4-206　通向出口的室内坡道

◀ 图4-207　出口的室外坡道

4.5 地下综合体建筑空间室内设计

地下空间综合开发是现代地下空间开发的重要趋势之一，发达国家战后就开始进行大规模的城市地下空间综合开发，把交通、商业、娱乐、餐饮等设施组织在一起，成为地上地下相互贯通的综合体。中国近年来也开始进行地下空间的综合开发，而且规模日益扩大，值得进行总结介绍。

4.5.1 加拿大多伦多伊顿中心

加拿大城市在利用地下空间具有自己的特色，像蒙特利尔、多伦多这样的城市都进行了大规模的地下空间开发，通过地铁车站和地下步行街，将市中心大量建筑的地下空间联系起来，构成四通八达的地下网络，成为名副其实的“地下城”（图4–208）。地上的办公、旅馆、餐厅、商业、地面广场、下沉广场与地下步行街（两侧一般都有商店）共同构成城市综合体，地上地下空间综合开发，展现出立体化发展的趋势，多伦多的伊顿中心就是其中的典例。

RATON
CENTRE
CITY
HALL
SHERATON
CENTRE
SIMPSONS
STOCK
EXCHANGE
FIRST
CANADIAN
PLACE
TORONTO
DOMINION
CENTRE
COMMERCE
COURT
UNION STATION
Figure 8-4:In Toronto,Canada,a network of underground corridorsand commercial activties extends througtout the downtown area.Similar to downtown Montreal,large atrium spaces in the center of many of the blocks serve as landmarks and acticity nodes along the complex layout of pathways.
Underground Pedestrian Mall System
Subway Station
Subway Line

图4–208 多伦多市中心的地下空间体系

资料来源：CARMODY John, STERLING Raymond. Underground space design: a guide to subsurface utilization and design for people in underground spaces［M］. New York：Van Nostrand Reinhold，1993：199

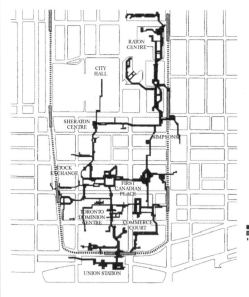

伊顿中心东临杨戈街（Yonge St.）、南至女王西街（Queen St. W）、北至登打士西街（Daundas St. W），西临詹士街（James St.），与多伦多市中心的地下步行道、2个地铁车站直接相连。

伊顿中心是安大略省（Ontario）第一大购物中心，其前身是一家1869年的杂货店，经过几十年的发展成为多伦多最大的链锁店。目前拥有300多家商铺、餐馆、娱乐场所，以及Sears和Bay两家大型百货商店，其购物概念就是一站式的购物、休闲、娱乐中心。许多游客不仅为这里的各种品牌商品吸引，也为其著名的购物气氛和建筑风格慕名而来，甚至把这里当作一个观光景点。①

欧洲城市中有不少传统的室内商业步行街，如意大利米兰市中心多莫广场（Piazza del Duomo）旁的室内商业步行街就闻名于世。也许是受到这些传统室内商业步行街的影响，伊顿中心设有大型中庭空间，贯通地上地下，顶部设置采光顶，天然光线倾泻而下，令人振奋。在中庭内，布置座椅、水池、花坛等，满足人们休憩之需，同时，顶部还悬挂了飞鸟模型，在人工环境中增添了动感。如图4-209—图4-224所示。

◀ 图4-209　多伦多伊顿中心周围街区图

资料来源：http：//www.torontoeatoncentre.com

---

① 加拿大多伦多伊顿中心，中国商业展示网，2013-08-20，http://www.zhongguosyzs.com/news/19407720.html。

图4-210 多伦多伊顿中心总平面
图、平面图、剖面图

资料来源：童林旭.地下建筑图说
100例［M］.北京：中国建筑工业
出版社，2007：56

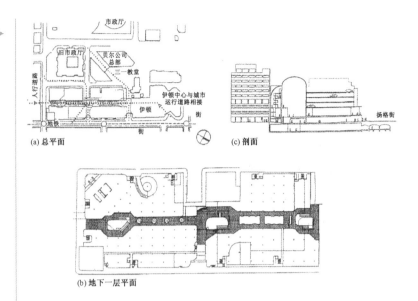

(a) 总平面 (c) 剖面

(b) 地下一层平面

图4-211 丰富多彩的伊顿中心内
部空间

资料来源：张绮曼，郑曙旸.室内设
计经典集［M］.北京：中国建筑工
业出版社，1994：146

步行街内景

◀ **图4-212　上下贯通的伊顿中心内
部空间**

资料来源：张绮曼，郑曙旸.室内设
计经典集［M］.北京：中国建筑工
业出版社，1994：148

◀ **图4-213　伊顿中心下部的地铁车
站站台层**

资料来源：周豪杰摄

图4-214　通向地铁车站的地下通道 ▶

资料来源：周豪杰摄

图4-215　宽敞的地下通道 ▶

资料来源：周豪杰摄

图4-216　地下通道空间节点 ▶

资料来源：周豪杰摄

◀ **图4-217　伊顿中心室内商业步行
街，顶上有著名的飞鸟雕塑**
资料来源：周豪杰摄

◀ **图4-218　地下地上空间融于一体
的内部步行街**
资料来源：周豪杰摄

图4-219 阳光明媚的内部空间 ▶
资料来源：周豪杰摄

图4-220 米兰市中心多莫广场旁 ▶
的著名室内商业步行街

◀ 图4-221　传统室内商业步行街上的玻璃顶

◀ 图4-222　内部空间中的水池、铺地和楼梯
　　　资料来源：周豪杰摄

◀ 图4-223　方便的服务设施
　　　资料来源：周豪杰摄

◀ 图4-224　温馨节日气氛中的伊顿中心
　　　资料来源：周豪杰摄

4.5.2　法国巴黎列·阿莱地区

列·阿莱地区（Les Halles）在巴黎核心部位，西南侧有卢浮宫，东南方的城岛上有巴黎圣母院（Cathedrale Notre Dame de Paris），东部是蓬皮杜艺术中心（Centre National d'art et de Culture Georges Pompidou），南面是塞纳河。16世纪，该地区成为巴黎的农副产品贸易中心。1854—1866年，陆续建成8座平面为方形的钢结构农贸市场，1936年增加到12座，分成两组，每组之内互相连通，总面积40 000m²。市场的西北角方向有一座教堂，建于1532—1637年，西端是一个1813年建成的带穹窿顶的交易所，周围还有一些古典风格的住宅街坊，建于17—18世纪。

这里的市场曾经是巴黎地区最大的食品交易和批发中心，一直到20世纪60年代，市场内仍聚集了800家食品批发商行和不少为市场服务的办公、饮食等设施，每天吸引大量人流和物流，交通十分拥挤。考虑到保护历史文化古迹集中街区的传统风貌，1962年决定对这一地区进行彻底的改造和更新，1971年拆迁完毕。

新的建设方案是对这一地区进行立体化开发，把一个地面上简单的农贸中心改造成一个多功能的公共活动广场。在强调保留传统建筑艺术特色的同时，开辟一个以绿地为主的步行广场，为城市中心区增添一处宜人的开敞空间；与此同时，将交通、商业、文娱、体育等多种功能安排在广场的地下空间中，形成一个大型的地下城市综合体。在广场周围，新建一些住宅、旅馆、商店和一所会堂，建筑面积共85 000m²；在广场的西侧，设一个面积约3 000m²、深13.5m的下沉式广场，周围环绕着玻璃走廊，使商场部分的地下空间与地面空间沟通起来，减轻地下空间的封闭感。下沉广场周围是一圈4层高度的钢结构玻璃罩的拱廊，通过宽大的阶梯和自动扶梯，人们可以很方便地进入下沉广场和地下空间。

列·阿莱地区的再开发，充分利用了地下空间，将交通、商业、文娱、体育等多种功能安排在广场的地下空间中，地下共4层，总建筑面积超过200 000m²，共有200多家商店，每日吸引顾客15万人。列·阿莱地下综合体的建设，使通过市中心的多种交通工具都转入地下，并在综合体内实现换乘。

　　列·阿莱地区地下综合体十分复杂，较好地解决了保护传统风貌和城市现代化改造的问题，改变了原来单一的功能，充分发挥了地下空间在扩大空间容量和提高环境质量方面的积极作用。[1] 如图4-225—图4-236所示。

◀ 图4-225　列·阿莱地区总平面图

资料来源：http：//www.forumde-shalles.com

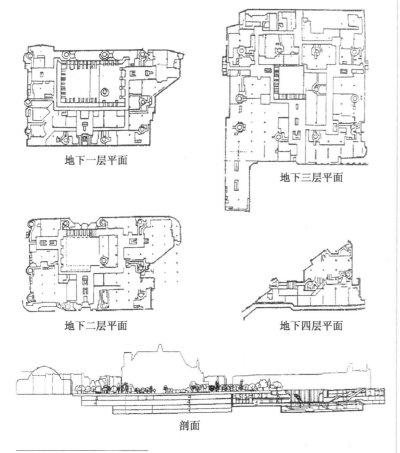

地下一层平面

地下三层平面

地下二层平面

地下四层平面

剖面

◀ 图4-226　列·阿莱地区各层平面图及剖面图

资料来源：童林旭.地下建筑图说100例［M］.北京：中国建筑工业出版社，2007：149

---

① 童林旭：《地下建筑图说100例》，中国建筑工业出版社，2007，第147～148页。

图4-227 列·阿莱地区鸟瞰图 ▶

资料来源：李雄飞，巢元凯主编.快速建筑设计图集（下）［M］.北京：中国建筑工业出版社，1995：121-122

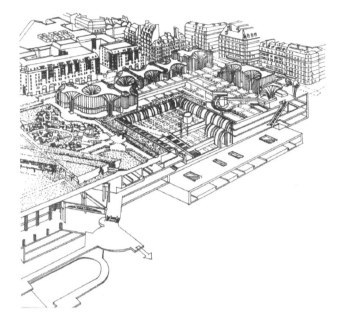

图4-228 列·阿莱地区外观效果图一 ▶

资料来源：李雄飞，巢元凯主编.快速建筑设计图集（下）［M］.北京：中国建筑工业出版社，1995：121-122

图4-229 列·阿莱地区外观效果图二 ▶

资料来源：李雄飞，巢元凯主编.快速建筑设计图集（下）［M］.北京：中国建筑工业出版社，1995：121-122

◀ 图4-230　内部走道
　　资料来源：刘洋摄

◀ 图4-231　结构成为主要的表现元素
　　资料来源：刘洋摄

◀ 图4-232　宽敞的内部公共大厅
　　资料来源：刘洋摄

图4-233　结构构件丰富了空间变化 ▶
资料来源：王良摄

图4-234　朴素的混凝土材料在灯 ▶
光下富有表现力
资料来源：王良摄

(a)

(b)

▲ 图4-235 引入自然光线

资料来源：刘洋摄

(c)

◄ 图4-236 现代照明技术营造了丰富多彩的空间氛围

资料来源：刘洋摄（a）（b）

王良摄（c）

　　为了进一步优化列·阿莱地区的环境，进入21世纪后，当地政府又酝酿新的改造。经过一系列竞赛角逐，2006年，帕特里克·伯格和雅克·安祖迪事务所（Patrick Berger et Jacques Anziutti）设计的"天篷"（La Canopée）方案最终赢得了一致好评，并于2010年正式动工。

　　该方案继续充分发挥地下空间的作用，同时，在"天篷"的入口处设计一通高3层的大型下沉广场，增进了地面空间与地下空间的联系，并使得地下商场与地面花园得以连通，上部则覆盖巨型玻璃天篷，如图4-237和图4-238所示。对原有的地下4层换乘大厅也进行了改造，除饰面材料、灯光、标识系统的调整外，还增加了2个独立出入口可直接联系地面。商场和交通系统的出入口明确区分，合理分流人群，在满足安全性的同时提高了乘客的便利性。

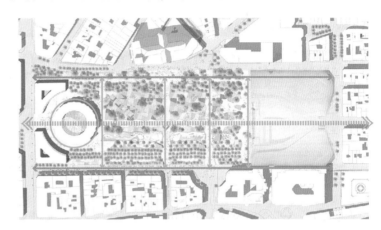

图4-237 列·阿莱地区景观轴线分析图 ▶

资料来源：王良.地铁车站设计中的地域特征研究——以巴黎地铁车站设计为例［D］.同济大学硕士学位论文，2015：54

图4-238 列·阿莱地区全景鸟瞰图 ▶

资料来源：王良.地铁车站设计中的地域特征研究——以巴黎地铁车站设计为例［D］.同济大学硕士学位论文，2015：54

在发挥地下空间作用的同时，地面空间便留给了城市公园及绿色步行系统。改造后的列·阿莱地区穿越性及可达性大幅提高，城市公共空间的职能得到更好的发挥。整个步行系统连接周边4条大街，使得列·阿莱地区中央花园的服务半径增大，同时，形成了从塞瓦斯托波尔大街（Boulevard de Sébastopol）到交易所大厅的一条景观轴线。如图4-239

和图4-240所示。

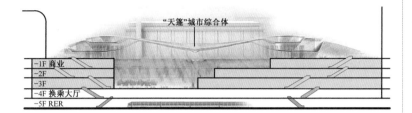

◄ **图4-239 列·阿莱地区局部剖面**
资料来源：王良.地铁车站设计中的地域特征研究——以巴黎地铁车站设计为例［D］.同济大学硕士学位论文，2015：53

◄ **图4-240 "天篷"及下沉广场效果图**
资料来源：王良.地铁车站设计中的地域特征研究——以巴黎地铁车站设计为例［D］.同济大学硕士学位论文，2015：53

通过巧妙开发利用地下空间，列·阿莱地区作为城市中心的大型交通枢纽空间，不仅没有对城市原有肌理和界面形成破坏，反而通过自身功能的引导和聚集效应激活了城市活力，在完善城市空间体系的同时保留了城市原有的地域特征。①

4.5.3 上海的探索

上海的人口数量和人口密度均居全国前列，市区的土地面积十分有限，开发城市地下空间成为必然的选择。近年以来，上海在城市地下空间综合开发方面取得了不少成绩，这里仅介绍2个案例：上海环贸广场和上海虹桥商务区。前者反映了单块土地开发时对地下空间的综合利用，后者则反映了一个片区开发时对地下空间的综合利用。

1. 上海环贸广场

上海环贸广场位于上海市中心淮海路商业街繁华地段，四面临街（淮海中路、陕西南路、襄阳南路、南昌路），地

---

① 王良：《地铁车站设计中的地域特征研究——以巴黎地铁车站设计为例》，硕士学位论文，同济大学，2015年，第53～54页。

块由香港新鸿基地产集团开发，是集甲级写字楼、商业、高级公寓于一体的大型综合项目。整个项目包括高档办公塔楼（ICC，international commerce center）2幢、豪华服务式公寓（ICC Residence）1幢，6层地上商场（iapm）＋2层地下商场，2层地下车库及地铁交通层。各部分的面积大致如下：12万m²办公＋4万m²公寓＋12万m²商业＋地库＋配套用房，总计32万m²开发量。建筑设计和室内设计均由英国贝诺（Benoy）设计事务所负责。

上海环贸广场在设计中有不少创意，在总体布局、沿街立面、主入口层设置等方面均与众不同，非常巧妙地解决了如此巨大的体量对城市道路的压迫感、有序组织了各类交通需求。对于室内设计而言，由于没有屋面采光天窗（屋顶用作公共活动空间＋公寓会所的私密区），商业空间的主中庭便采用人工照明，同时在西南侧设置了一个独具特色的6层挑空的采光幕墙来弥补对自然光线的获取，并且也由此使其临近的店铺有了更好的空间视觉感受。

上海环贸广场充分利用地下空间，在目前防火规范允许的前提下，把地下1层、地下2层作为商业空间，规模约3万m²，并在其下设置二层地下停车库，同时整合了上海轨道交通1号线、10号线和12号线。对于地下商业空间，除了设置连通一层的垂直交通中庭外，还有1座下沉到地下二层的广场给地下商业带来更多的"上下互动"，有助于使顾客分层进入商业室内，又可在地下二层连通轨道交通10号线，同时与地上的采光幕墙相连，成为商场西南入口的标识。总之，设计师把交通、商业、娱乐、餐饮等设施组织在一起，人流进出方便，充分发挥了地下空间的综合效益。[①]如图4-241—图4-251所示。

2. 上海虹桥商务区

上海虹桥商务区位于上海西部，面积约86km²，其中主功能区面积26.3km²。根据建设目标，上海虹桥商务区核心区一期1.43km²。虹桥商务区地理位置优越，紧邻江浙两省，处于长三角城市轴的关键节点，与周边主要城市距离均在300km之内；既是上海连通长三角的桥头堡，又是长三角咽喉之所在。

---

① 唐威：《上海环贸广场》，《城市建筑》2014年第6期。

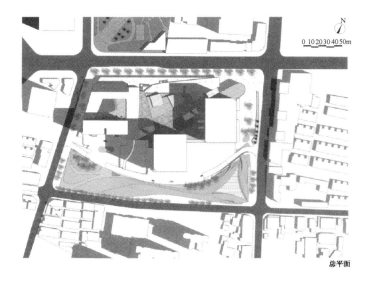

0 10 20 30 40 50m

总平面

◀ **图4-241 上海环贸广场总平面图**
资料来源：唐威.上海环贸广场［J］.城市建筑，2014（6）：97

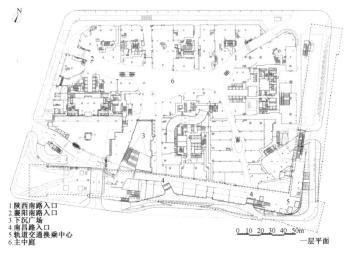

1.陕西南路入口
2.襄阳南路入口
3.下沉广场
4.南昌路入口
5.轨道交通换乘中心
6.主中庭

0 10 20 30 40 50m

一层平面

◀ **图4-242 上海环贸广场1层平面图**
资料来源：唐威.上海环贸广场［J］.城市建筑，2014（6）：98

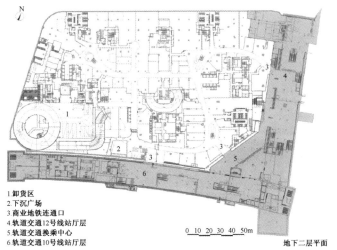

1.卸货区
2.下沉广场
3.商业地铁连通口
4.轨道交通12号线站厅层
5.轨道交通换乘中心
6.轨道交通10号线站厅层

0 10 20 30 40 50m

地下二层平面

◀ **图4-243 上海环贸广场地下2层平面图**
资料来源：唐威.上海环贸广场［J］.城市建筑，2014（6）：101

图4-244 上海环贸广场3层平面图 ▶

资料来源：唐威.上海环贸广场［J］.城市建筑，2014（6）：96-105

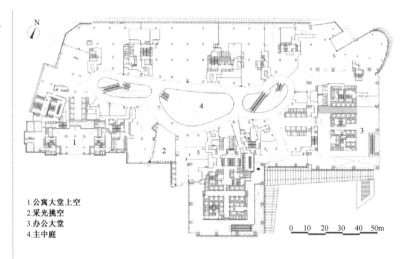

1.公寓大堂上空
2.采光挑空
3.办公大堂
4.主中庭

0 10 20 30 40 50m

图4-245 上海环贸广场5层平面图 ▶

资料来源：唐威.上海环贸广场［J］.城市建筑，2014（6）：96-105

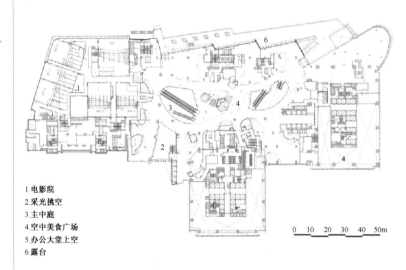

1.电影院
2.采光挑空
3.主中庭
4.空中美食广场
5.办公大堂上空
6.露台

0 10 20 30 40 50m

图4-246 上海环贸广场剖面图 ▶

资料来源：http://www.shanghai-icc.com.cn/floor-PDF/0.pdf

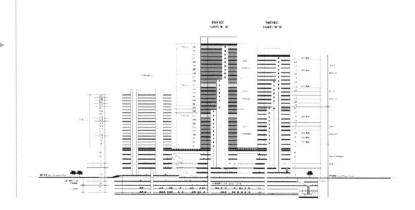

◀ 图4-247　上海环贸广场剖视效果
　　图（Benoy公司提供）

资料来源：Benoy公司提供

◀ 图4-248　上海环贸广场外观

资料来源：唐威.上海环贸广场［J］.城
市建筑，2014（6）：96

图4-249　上海环贸广场明亮宽敞的中庭 ▶

资料来源：唐威.上海环贸广场［J］.城市建
筑，2014（6）：103

▲ 图4-250　上海环贸广场主中庭西南侧6层挑空的采光幕墙弥补对自然采光的不足

资料来源：唐威.上海环贸广场［J］.城市建筑，2014（6）：100

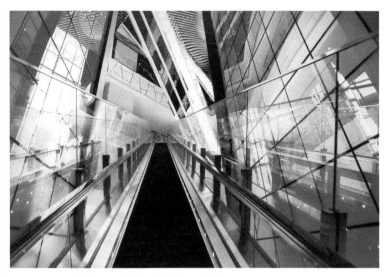

▲ 图4-251　上海环贸广场中庭内的跨层电梯

资料来源：唐威.上海环贸广场［J］.城市建筑，2014（6）：101

　　根据规划，上海虹桥商务区将形成以总部经济、贸易机构、经济组织、商务办公为主体业态，会议、会展为功能业态，酒店、商业、零售、文化娱乐为配套业态的产业格局。其中，将重点支持发展包括现代商贸业、会展旅游业、金融服务业、创意产业等12大类的产业。上海虹桥商务区将依托虹桥综合交通枢纽，建成上海现代服务业的集聚区，上海国际贸易中心建设的新平台，面向国内外企业总部和贸易机构的汇集地，是服务长三角地区，服务长江流域，服务全国的高端商务中心。

　　1）规划理念

　　上海虹桥商务区将依托虹桥综合交通枢纽，以发展国际贸易业务为核心，实现多功能混合开发，实现低碳目标。

　　虹桥商务区紧邻虹桥综合交通枢纽，虹桥综合交通枢纽是目前世界上独一无二的综合交通枢纽，涵盖了除水运之外的所有八种交通方式，设计日客流集散量可达110万～140万人次，每年超过4亿人集散。虹桥综合交通枢纽按照交通功能最全、换乘方式最多、可达性最高、换乘距离最短、旅客流量最大为目标，将人性化换乘的出行方式与现代理念相结合，凸显出1小时长三角都市圈的同城效应。

　　虹桥商务区独特的区位、便捷的交通，将极大方便企业获取信息、调配资源、开拓市场，尤其使企业总部在运营成本上相对较低。因此，以发展国际贸易业务为核心，依托国家会展项目建设和高端会议展览业，通过汇集高端贸易人才和关键要素资源，促进上海国际贸易中心平台建设，通过吸引国内外企业总部和贸易机构落户，推进投资贸易便利化，打造上海国际贸易中心标志性平台和以国际贸易为主要特色的现代化商务区。如图4-252—图4-256所示。

虹桥商务区将根据宜人、宜商、宜居的标准，对与商务和生活有关的各类业态进行科学配比，努力实现商务功能和社区功能自然融合，促进企业与企业、企业与政府、企业与

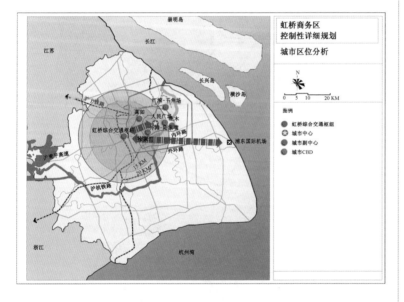

◀ **图4-252 虹桥商务区城市区位分析**
资料来源：中国城市规划设计研究院和上海市城市规划设计研究院.虹桥商务区控制性详细规划，2009.06

◀ **图4-253 虹桥商务区交通区位分析**
资料来源：中国城市规划设计研究院和上海市城市规划设计研究院.虹桥商务区控制性详细规划，2009.06

图4-254 虹桥商务区功能结构分析 ▶

资料来源：中国城市规划设计研究院
和上海市城市规划设计研究院.虹桥商
务区控制性详细规划，2009.06

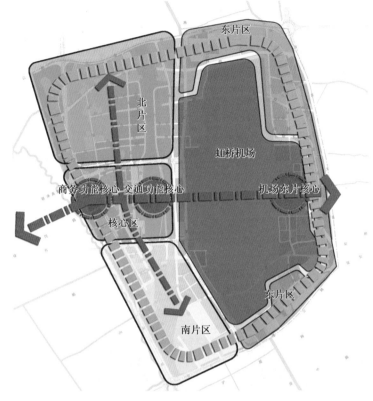

图4-255 虹桥商务区总平面图 ▶

资料来源：中国城市规划设计研究
院和上海市城市规划设计研究院.虹
桥商务区控制性详细规划，2009.06

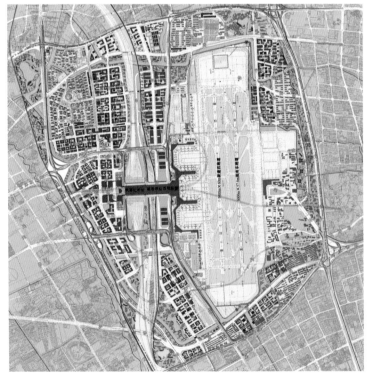

◀ 图4-256 虹桥商务区鸟瞰图
资料来源：中国城市规划设计研究院
和上海市城市规划设计研究院.虹桥
商务区控制性详细规划，2009.06

社区、社区与社区、社区与社会之间和谐共生，营造五加二、白加黑、晴加雨、365年中无休的商务社区。

虹桥商务区注重公园、绿化、水系等生态环境，积极探索土地集约利用和高效利用措施，支持绿色建筑、绿色能源、绿色照明、绿色交通等低碳发展，打造能源节约型低碳实践区。区域集中供冷供热项目一次能源利用效率可达80%。核心区所有建筑达到国家绿色建筑标准，超过50%建筑达二星级以上标准，地标建筑达三星级标准，且采暖、通风、空气调节和照明总能耗减少65%。[①]

为了土地高效集约利用，结合机场周边建筑限高的特点，虹桥商务区对地下空间统一进行高强度规划、统一实现同质化开发。不仅对街区单体地下空间利用有严格标准，而且各街区间地下空间全部联通，配以地下交通和公共设施，加上空中连廊等地面以上交通体系，形成地下、地面、空中三位一体的立体街区网络。

2）地下空间利用原则

地下空间的利用原则如下：综合开发，对地下各项设施进行系统整合、统筹考虑；地上地下一体化发展，有序建设、互为补充；适度开发，科学确定公共地下空间开发规模，与虹桥商务区功能、规模匹配，尤其地下商业设施规模

---

① 上海虹桥商务区，百度百科，2013-08-07，http://baike.baidu.com/view/5057839.htm。

需控制在合理的范围内；突出重点，地下空间开发重点与枢纽交通建筑、轨道交通枢纽相结合，注重解决交通问题，合理设置公共活动功能；平战结合，处理好地下民防设施和非民防设施的兼容和转化；确定地下公共开放空间分布范围，形成可分布实施的地下空间运作体系。如图4-257—图4-262所示。

图4-257 虹桥枢纽总平面图 ▶

资料来源：中国城市规划设计研究院和上海市城市规划设计研究院.虹桥商务区控制性详细规划，2009.06

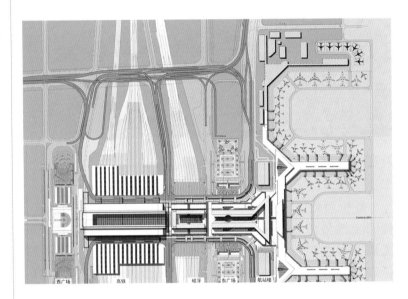

图4-258 虹桥枢纽轴侧图 ▶

资料来源：中国城市规划设计研究院和上海市城市规划设计研究院.虹桥商务区控制性详细规划，2009.06

图4-259 虹桥枢纽纵向剖面图 ▶

资料来源：中国城市规划设计研究院和上海市城市规划设计研究院.虹桥商务区控制性详细规划，2009.06

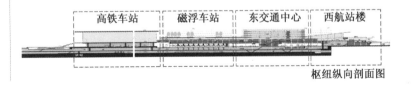

枢纽纵向剖面图

◀ 图4-260 虹桥商务区局部空间构
成示意图

资料来源：上海市政工程设计研究总
院.虹桥综合交通枢纽地区地下空间
开发导则，2008.02

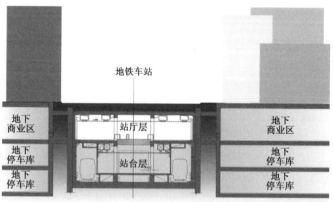

◀ 图4-261 虹桥商务区地下空间剖
面一

资料来源：上海市政工程设计研究总
院.虹桥综合交通枢纽地区地下空间
开发导则，2008.02

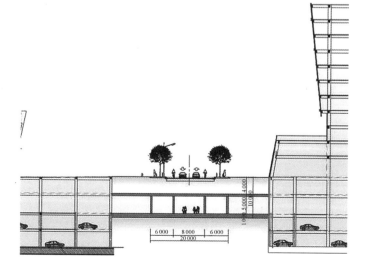

◀ 图4-262 虹桥商务区地下空间剖
面二

资料来源：上海市政工程设计研究总
院.虹桥综合交通枢纽地区地下空间
开发导则，2008.02

主要公共地下空间建设将围绕交通功能核心及公共功能的开发展开，总的开发规模宜控制在280万m²左右，主要包括：对外交通、轨道交通、地下通道、停车设施、商业设施、市政设施及管线。其中，交通功能核心地下空间规模50万m²左右，交通核心功能以外轨道交通地下空间规模40万m²左右。

3）地下空间布局

虹桥商务区地下空间布局情况见表4-6。主要围绕公共活动中心、地铁站等重要节点进行开发建设。对公众开放的地下空间主要在重要的公共活动区域。其中，必须开放的地下空间是指结合地面绿地、广场或公共建筑项目整体开发地下空间，并且该处地下空间地下1层必须向公众开放；鼓励开放的地下空间是指规划鼓励地下1层公共开放的地下空间。

表4-6　　　　虹桥商务区地下空间布局一览表

范围	交通功能核心	商务功能核心	其他
地下1层	交通设施、商业、文化娱乐、休闲等公共活动空间、车行通道、人行通道、公交枢纽、市政管线		停车设施、人行通道、市政设施、市政管线
地下2层	地铁站台层	商业及停车设施	地铁、停车设施
地下3层及以下	地铁		地铁

资料来源：中国城市规划设计研究院，上海市城市规划设计研究院.虹桥商务区控制性详细规划说明［R］.2009：41

4）重要地下空间节点

对于交通功能核心：地下空间由地下换乘及商业空间、地下公共联系空间、地下停车空间和地下车道边等构成（表4-7），主要位于枢纽建筑综合体下方及沿轴线向西侧建设地块延伸。

表4-7　　　　交通功能核心的主要内容

种类	主要内容
地下换乘空间及商业空间	主要由地下1层（−11.2m）的铁路进站厅、磁浮进站厅、地铁站厅及其配套商业构成
地下商业空间	结合换乘功能空间进行整体考虑
地下公共联系空间	联系各个功能区块的公共通道、垂直交通体系等
地下停车空间	主要布局在东西交通中心，按停车需求设置单元式多层停车库，与各个功能区块通过公共联系空间、垂直交通等相联系

续表

种类	主要内容
地下车道边	设置在铁路客站南北两侧，供出租车上客专用
地下空间疏散口	结合公共联系空间垂直交通体系设置，并专门设置方便残疾人的无障碍交通设施

资料来源：中国城市规划设计研究院，上海市城市规划设计研究院.虹桥商务区控制性详细规划说明［R］. 2009：42

　　商务功能核心地下1层适度开发商业、文化娱乐、休闲等公共活动功能，延伸地上建筑功能；与交通功能核心及其他地块之间建立便捷的地下通道；结合地块开发建设地下停车设施。

5 结语

中国城市地下空间的开发规模越来越大，地下建筑空间室内设计日益成为有代表性的一种室内设计类型。前文介绍了地下建筑空间的概念、地下建筑空间室内设计的原则、地下建筑空间室内设计的方法、古今中外一些优秀的代表性地下建筑空间室内设计案例，希望能对读者有所启示。

地下建筑空间室内设计需要遵守与地面建筑室内设计相同的规律，但地下建筑空间的特殊性，使得我们在设计中需要特别注意以下几点。

1. 与建筑设计、城市设计紧密配合

众所周知，营造令人舒适愉悦的室内环境与暖通设计、强弱电设计、给排水设计、消防设计等专业有关。但特别需要重视的是：地下空间的开发与地下空间开发规划、土质土层情况、工程技术条件等密切相关，即使在一个地块内，地下空间的开发建设和最终效果亦与建筑设计、城市设计密切相关。对于地下建筑空间而言，出入口、下沉庭院与建筑设计、城市设计具有紧密的关系，不同的城市规划、城市设计、建筑设计策略会导致不同的出入口、不同的下沉庭院布局方式。图5-1就是典型的实例，图中显示了城市中的一块空地，不同的城市设计和建筑设计策略，形成了不同的出入口、下沉庭院和中庭空间，对地下建筑空间的室内效果形成重要的影响。因此可以说：营造舒适愉悦的地下建筑空间离不开城市设计、建筑设计的支持。

2. 充分运用环境心理学的研究成果

在人们心目中，地下空间具有阴暗、潮湿、黑暗的特征，往往与贫困、犯罪、不安全等感觉联系在一起。尽管现代工程技术已经大大改善了地下空间的环境质量，改变了地下空间在人们心中的负面影响，但地下空间的无窗、视线缺少变化的特点，仍给设计师提出了要求。环境心理学的研究

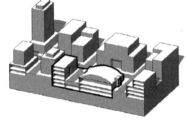

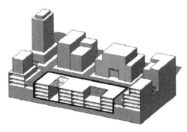

▲ 图5-1 不同的城市设计、建筑设计策略对地下建筑空间环境具有重要影响

资料来源：蔡少敏绘制

成果指出：由于人们在地下空间中无法借助室外元素判断自己的位置，因此地下空间室内设计中，特别需要注意空间的识别性，要做到：布局清晰、符合人们的空间认知习惯；进行空间分区，使不同的区域具有不同的特点；重点处理节点空间，例如，出入口、中庭、庭院等；设置完善的标识系统。

3. 巧妙运用一些针对性的设计技巧

为了弥补、改善地下空间的缺憾，地下建筑空间室内设计在遵循室内设计一般规律和形式美学原则的前提下，可以选择使用一些针对性的设计手法，比如，扩大空间的设计手法，以改善地下空间的封闭感；易于提高识别性的设计手法，以增加空间的识别性；引入自然元素的方法，以打破地下空间的单调感；模仿自然的方法，满足人们对自然的向往……通过这些设计方法，可以有效地改善地下建筑的空间效果，为人们营造一个舒适、愉悦的地下建筑空间室内环境。图5-2—图5-4就是一些有趣的设计对策，通过巧妙设置采光设施和镜子，一方面引入室外阳光、一方面获取地面的室外景观、一方面扩大空间感。

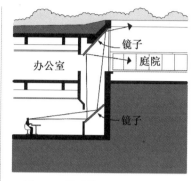

▲ 图5-2 通过镜子反射（类似潜望镜）获取室外自然景观

资料来源：蔡少敏改绘

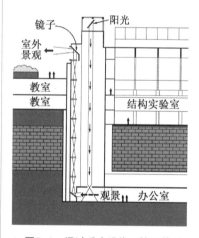

▲ 图5-3 通过采光设施、镜子等引入天然光线、获取自然景观

资料来源：CARMODY John, STERLING Raymond. Underground space design: a guide to subsurface utilization and design for people in underground spaces [M]. New York: Van Nostrand Reinhold, 1993: 252

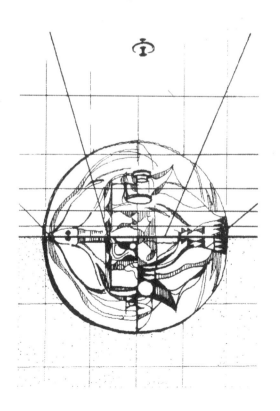

◄ 图5-4 镜子有助于扩大空间感

　　地下建筑空间室内设计涵盖内容广泛，且具有一定的特殊性，本书仅从室内设计的角度出发进行研究，基本不涉及其他专业领域的内容。城市地下空间开发需要多学科的支持，优秀的室内设计可以有效地提升地下建筑空间的室内环境质量，营造安全、舒适、高效、愉悦的地下建筑空间，从而更好地推动地下空间的开发利用。

　　随着城市化进程的继续推进，中国越来越多的城市会重视地下空间的开发利用，地下建筑空间将与我们的生活发生日益紧密的联系。地下空间的大规模开发需要室内设计的支撑，需要通过室内设计营造优良的环境，地下建筑空间室内设计在这一领域大有可为，能够为推动中国地下空间的发展做出贡献。

参考文献

REFERENCES

［1］ 中华人民共和国住房和城乡建设部，中华人民共和国国家质量监督检验检疫总局. 建筑设计防火规范：GB 50016—2014 ［S］.北京：中国计划出版社，2015.

［2］ 中华人民共和国住房和城乡建设部，中华人民共和国国家质量监督检验检疫总局. 建筑照明设计标准：GB 50034—2013 ［S］.北京：中国建筑工业出版社，2013.

［3］ 中华人民共和国住房和城乡建设部，中华人民共和国国家质量监督检验检疫总局. 地铁设计规范：GB 50157—2013 ［S］.北京：中国建筑工业出版社，2013.

［4］ 国家质量技术监督局，中华人民共和国建设部. 建筑内部装修设计防火规范：GB 50222—95 ［S］.北京：中国建筑工业出版社，1995.

［5］ 中华人民共和国住房和城乡建设部，中华人民共和国国家质量监督检验检疫总局. 绿色建筑评价标准：GB/T 50378—2014 ［S］.北京：中国建筑工业出版社，2014.

［6］ 中华人民共和国住房和城乡建设部，中华人民共和国国家质量监督检验检疫总局. 无障碍设计规范：GB 50763—2012 ［S］.北京：中国建筑工业出版社，2012.

［7］ 国家质量监督检验检疫总局，卫生部，国家环境保护总局. 室内空气质量标准：GB/T 18883—2002 ［S］.北京：中国标准出版社，2003.

［8］ 重庆市设计院，重庆市公安局消防局. 重庆市坡地高层民用建筑设计防火规范：DB 50/5031—2004 ［S］.重庆：重庆市建设委员会，2004.

［9］ MACAULAY D. Underground ［M］. New York：Houghton Mifflin Company，1976.

［10］ CARMODY J，STERLING R. Underground space design：a guide to subsurface utilization and design for people in underground spaces ［M］. New York：Van Nostrand Reinhold，1993.

［11］ TRENCH R，HILLMAN E. London under London——a subterranean guide ［M］. London：John Murray，1993.

［12］ 菲利浦·朱迪狄欧，珍妮特·亚当斯·斯特朗. 贝聿铭全集 ［M］. 李佳洁，郑小东，译. 北京：电子工业出版社，2012.

［13］ 詹姆斯·沃菲尔德. 沃菲尔德建筑速写 ［M］.陈易，编译.上海：同济大学出版社，2013.

［14］ 埃德温·希思科特，艾奥娜·斯潘丝. 教堂建筑 ［M］.瞿晓高，译. 大连：大连理工大学出版社，2003.

［15］ BIAD传媒《建筑创作》杂志社. 中国博物馆建筑 ［M］.天津：天津大学出版社，2010.

［16］ 陈申源，陈易，庄荣. 陈设·灯具·家具设计与装修 ［M］. 上海：同济大学出版社，香港：香港书画出版社，1992.

［17］ 陈易，高乃云，张永明，等. 村镇住宅可持续设计技术 ［M］.北京：中国建筑工业出版社，2013.

［18］陈易，陈申源.环境空间设计［M］.北京：中国建筑工业出版社，2008.

［19］陈易，陈永昌，辛艺峰.室内设计原理［M］.北京：中国建筑工业出版社，2006.

［20］侯继尧，王军.中国窑洞［M］.郑州：河南科学技术出版社，1999.

［21］《建筑设计资料集》编委会.建筑设计资料集6［M］.2版.北京：中国建筑工业出版社，1994.

［22］荆其敏.覆土建筑［M］.天津：天津科学技术出版社，1988.

［23］荆其敏.建筑环境观赏［M］.天津：天津大学出版社，1993.

［24］李雄飞，巢元凯.快速建筑设计图集（上）［M］.北京：中国建筑工业出版社，1992.

［25］李雄飞，巢元凯.快速建筑设计图集（下）［M］.北京：中国建筑工业出版社，1995.

［26］Image出版公司.世界建筑大师优秀作品集锦——诺曼·福斯特［M］.林箐，译.王向荣，校.北京：中国建筑工业出版社，1999.

［27］刘敦桢.刘敦桢全集·第九卷［M］.北京：中国建筑工业出版社，2007.

［28］潘谷西.中国建筑史［M］.北京：中国建筑工业出版社，2009.

［29］彭一刚.建筑空间组合论［M］.北京：中国建筑工业出版社，1983.

［30］齐康.画的记忆——建筑师徒手画［M］.南京：东南大学出版社，2007.

［31］史春珊，许力戈，时天光，等.室内建筑师手册［M］.哈尔滨：黑龙江科学技术出版社，1998.

［32］童林旭.地下建筑图说100例［M］.北京：中国建筑工业出版社，2007.

［33］童林旭.地下建筑学［M］.北京：中国建筑工业出版社，2012.

［34］王建国.现代城市设计理论和方法［M］.2版.南京：东南大学出版社，2001.

［35］吴耀东，郑怿.保罗·安德鲁的建筑世界［M］.北京：中国建筑工业出版社，2004.

［36］夏祖华，黄伟康.城市空间设计［M］.南京：东南大学出版社，1992.

［37］Image出版公司.世界建筑大师优秀作品集锦——多米尼克·佩罗［M］.袁逸倩，张丽君，杨芸，译.袁逸倩，校.北京：中国建筑工业出版社，南昌：江西科学技术出版社，2001.

［38］张壁田，刘振亚.陕西民居［M］.北京：中国建筑工业出版社，1993.

［39］张绮曼，潘吾华.室内设计资料集2［M］.北京：中国建筑工业出版社，1999.

［40］张绮曼，郑曙旸.室内设计资料集［M］.北京：中国建筑工业出版社，1994.

［41］张绮曼，郑曙旸.室内设计经典集［M］.北京：中国建筑工业出版社，1994.

［42］赵郧安.环境信息传达设计——Sign Design［M］.北京：高等教育出版社，2008.

［43］庄荣，吴叶红.家具与陈设［M］.北京：中国建筑工业出版社，1996.

［44］李璐.高层综合体地下商业空间设计研究［D］.上海：同济大学，2012.

［45］刘力.当代宗教建筑精神空间塑造初探——以意大利当代教堂为例［D］.上海：同济大学，2013.

［46］王良.地铁车站设计中的地域特征研究——以巴黎地铁车站设计为例［D］.上海：同济大学，2015.

［47］颜隽.车站意象——地铁车站内部环境设计初探［D］.上海：同济大学，2002.

［48］陈易.剖析蒙特利尔地铁车站的室内设计［J］.建筑装饰，1996（5）：22-26.

［49］刘克成，肖莉.汉阳陵帝陵外藏坑保护展示厅［J］.建筑学报，2006（7）：68-70.

［50］米佳，徐磊青，汤众.地下公共空间的寻路试验和空间导向研究——以上海人民广场为例［J］.建筑学报，2007（12）：66-70.

［51］潘海啸，邹为，赵婷，等.上海轨道交通无障碍环境建设的再思考［J］.上海城市规划，2013（2）：70-76.

［52］孙超，王波，张云龙，等.基于通用设计思考的深圳市无障碍交通体系规划探索［J］.城市规划学刊，2012（3）：63-69.

［53］唐威.上海环贸广场［J］.城市建筑，2014（6）：96–105.

［54］徐磊青，张玮娜，汤众.地铁站中标识布置特征对寻路效率影响的虚拟研究［J］.建筑学报，2010（1）：1–4.

［55］阴佳.上海地铁壁画创作谈［J］.艺术世界，1995（3）：32–33.

［56］赵群，刘加平.地域建筑文化的延续和发展——简析传统民居的可持续发展［J］.新建筑，2003（2）：24–25.

［57］上海市政工程设计研究总院.虹桥综合交通枢纽地区地下空间开发导则［R］.2008.

［58］同济大学建筑系室内设计教研室.上海地铁车站共性元素调研分析报告［R］.2003.

［59］同济大学建筑与城市规划学院.建筑学专业全日制硕士专业学位研究生2013年培养方案［R］.2013.

［60］中国城市规划设计研究院，上海市城市规划设计研究院.虹桥商务区控制性详细规划［R］.2009.

索 引

INDEX